세상에서 가장 쉬운 과학 수업

세상에서 가장 쉬운 과학 수업

반입자

초판 1쇄 인쇄 2024년 5월 01일
초판 1쇄 발행 2024년 5월 17일

지은이 정완상
펴낸이 이성림
펴낸곳 성림북스

책임편집 최윤정
디자인 쏘울기획

출판등록 2014년 9월 3일 제25100-2014-000054호
주소 서울시 은평구 연서로3길 12-8, 502
대표전화 02-356-5762
팩스 02-356-5769
이메일 sunglimonebooks@naver.com

ISBN 979-11-93357-28-6 03400

노벨상 수상자들의 **오리지널 논문**으로 배우는 과학

세상에서 가장 쉬운 과학 수업

반입자

정완상 지음

미적분의 역사부터 디랙 방정식까지
현대물리학의 두 기둥, 양자역학과 상대성이론을 잇다

성림원북스

CONTENTS

두 번째 만남

3차원에서의 역학 / 051

세 번째 만남

제이만 효과 / 071

만남에 덧붙여 / 249

과학을 처음 공부할 때 이런 책이 있었다면 얼마나 좋았을까

남순건(경희대학교 이과대학 물리학과 교수 및 전 부총장)

21세기를 20여 년 지낸 이 시점에서 세상은 또 엄청난 변화를 맞이하리라는 생각이 듭니다. 100년 전 찾아왔던 양자역학은 반도체, 레이저 등을 위시하여 나노의 세계를 인간이 이해하도록 하였고, 120년 전 아인슈타인에 의해 밝혀진 시간과 공간의 원리인 상대성이론은 이 광대한 우주가 어떤 모습으로 만들어져 왔고 앞으로 어떻게 진화할 것인가를 알게 해주었습니다. 게다가 우리가 사용하는 모든 에너지의 근원인 태양에너지를 핵융합을 통해 지구상에서 구현하려는 노력도 상대론에서 나오는 그 유명한 질량-에너지 공식이 있기에 조만간 성과가 있을 것이라 기대하게 되었습니다.

앞으로 올 22세기에는 어떤 세상이 될지 매우 궁금합니다. 특히 인공지능의 한계가 과연 무엇일지, 또한 생로병사와 관련된 생명의 신비가 밝혀져 인간 사회를 어떻게 바꿀지, 우주에서는 어떤 신비로움이 기다리고 있는지, 우리는 불확실성이 가득한 미래를 향해 달려가고 있습니다. 이러한 불확실한 미래를 들여다보는 유리구슬의 역할을 하는 것이 바로 과학적 원리들입니다.

지난 백여 년간의 과학에서의 엄청난 발전들은 세상의 원리를 꿰뚫어보았던 과학자들의 통찰을 통해 우리에게 알려졌습니다. 이런 과학 발전을 가능하게 한 영웅들의 생생한 숨결을 직접 느끼려면 그들이 썼던 논문들을 경험해보는 것이 좋습니다. 그런데 어느 순간 일반인과 과학을 배우는 학생들은 물론, 그 분야에서 연구를 하는 과학자들마저 이런 숨결을 직접 경험하지 못하고 이를 소화해서 정리해놓은 교과서나 서적들을 통해서만 접하고 있습니다. 창의적인 생각의 흐름을 직접 접하는 것은 그런 생각을 했던 과학자들의 어깨 위에서 더 멀리 바라보고 새로운 발견을 하고자 하는 사람들에게 매우 중요합니다.

저자인 정완상 교수가 새로운 시도로써 이러한 숨결을 우리에게 전해주려 한다고 하여 그의 30년 지기인 저는 매우 기뻤습니다. 그는 대학원생 때부터 당시 혁명기를 지나면서 폭발적인 발전을 하고 있던 끈 이론을 위시한 이론물리학 분야에서 가장 많은 논문을 썼던 사람입니다. 그리고 그러한 에너지가 일반인들과 과학도들을 위한 그의 수많은 서적을 통해 이미 잘 알려져 있습니다. 저자는 이번에 아주 새로운 시도를 하고 있고 이는 어쩌면 우리에게 꼭 필요했던 것일 수 있습니다. 대화체로 과학의 역사와 배경을 매우 재미있게 설명하고, 그 배경 뒤에 나왔던 과학 영웅들의 오리지널 논문들을 풀어간 것입니다. 과학사를 들려주는 책들은 많이 있으나 이처럼 일반인과 과학도의 입장에서 질문하고 이해하는 생각의 흐름을 따라 설명한 책은 없습니다. 게다가 이런 준비를 마친 후에 아인슈타인 같은 영웅들의 논문을 원래의 방식과 표기를 통해 설명하는 부분은 오랫동안 과학을 연구해온 과학자에게도 도움을 줍니다.

이 책을 읽는 독자들은 복 받은 분들일 것이 분명합니다. 제가 과학을 처음 공부할 때 이런 책이 있었다면 얼마나 좋았을까 하는 생각이 듭니다. 정완상 교수는 이제 새로운 형태의 시리즈를 시작하고 있습니다. 독보적인 필력과 독자에게 다가가는 그의 친밀성이 이 시리즈를 통해 재미있고 유익한 과학으로 전해지길 바랍니다. 그리하여 과학을 멀리하는 21세기의 한국인들에게 과학에 대한 붐이 일기를 기대합니다. 22세기를 준비해야 하는 우리에게는 이런 붐이 꼭 있어야 하기 때문입니다.

양자역학에 즐겁게 입문하도록 돕는 책

최윤영(경희대학교 우주탐사학과 교수)

천문학은 우주를 형성하고 지배하는 근본 원리를 탐구하며, 천체에서 일어나는 여러 현상을 설명하고 예측하는 학문입니다. 이러한 천문학은 각종 물리학 이론과 함께 발전했습니다. 따라서 천문학을 공부하는 사람들은 물리학 이론들을 이해하고 응용하는 것이 매우 중요합니다. 특히 양자역학이 그렇습니다.

옹스트룀은 태양의 흡수 스펙트럼에서 수소 스펙트럼과 동일한 선을 찾아내 태양에 수소가 존재하는 것을 발견했습니다. 키르히호프와 분젠은 원소마다 고유의 스펙트럼을 갖고 있다는 사실을 알아냈습니다. 이들 발견으로 분광학은 별의 원소 연구의 핵심적인 도구로 쓰이게 되었습니다. 분광학은 20세기의 양자역학을 태동시켰고, 한 걸음 나아간 양자역학은 선스펙트럼의 비밀을 풀었습니다. 이후 천문학은 눈부시게 발전합니다. 머나먼 곳에 있는 천체의 빛을 파장에 따라 분해한 스펙트럼을 관찰함으로써, 천체의 화학적 진화를 유추하여 그 기원을 밝혔습니다. 또 빛이 지나는 길을 가로막는 성간물질에 대해서도 알게 되었습니다.

《세상에서 가장 쉬운 과학 수업 반입자》는 과학자들의 생애와 함께 교수와 학생이 질문하고 대답하는 흐름의 형식을 빌려 흥미롭게 주제를 탐구하고 있습니다. 첫 번째 만남은 삼각함수와 지수함수의 연결 고리를 찾아낸 오일러 공식을 설명하는 것으로 시작합니다. 오일러 공식은 세 번째 만남에서 소개한 슈뢰딩거 방정식의 계산을 매우 단순하게 만든 결정적인 역할을 했습니다. 이어서 양자역학의 기본 법칙인 슈뢰딩거 방정식을 이해하는 데 필요한 복잡한 수식들을 차근차근 어렵지 않게 설명해 갑니다. 다섯 번째 만남의 디랙 방정식은 물리학을 전공한 학생들이 고급양자역학에서 배우는 내용입니다. 그만큼 까다롭게 여기는 학생들이 많지요. 하지만 디랙 방정식의 탄생 배경과 반입자 개념을 최소한의 수식만으로도 매우 이해하기 쉽게 풀어내고 있습니다.

특별히 노벨상 수상자의 오리지널 논문의 해설과 함께 원문을 직접 읽어 보는 이 책의 기획이 신선하게 느껴졌습니다. 이러한 구성은 물리학과 미분적분학 등을 익힌 독자라면 양자역학에 즐겁게 입문하도록 도울 것입니다. 《세상에서 가장 쉬운 과학 수업 반입자》를 읽는 독자들에게 만남에 덧붙인 디랙과 파울리의 오리지널 논문을 파고드는 용기가 생기길 기대해 봅니다.

이제 21세기는 양자역학 원리를 이용해서 기존 기술을 뛰어넘는 양자 기술을 개발하는 양자 시대로 향합니다. 미세한 물리적 변화를 감지하는 양자 기술은 천문학적 관측 기술의 한계를 뛰어넘을 수도 있습니다. 다가올 22세기는 어떤 물리학 이론이 우주에 대한 우리의 이해를 확장해 갈까요? 이 책이 새로운 미래를 개척해 가는 독자 여러분의 귀중한 발판이 되길 소망합니다.

천재 과학자들의 오리지널 논문을 이해하게 되길 바라며

사람들은 과학 특히 물리학 하면 너무 어렵다고 생각하지요. 제가 외국인들을 만나서 얘기할 때마다 신선하게 느끼는 점이 있습니다. 그들은 고등학교까지 과학을 너무 재미있게 배웠다고 하더군요. 그래서인지 과학에 대해 상당한 지식을 가진 사람들이 많았습니다. 그 덕분에 노벨 과학상도 많이 나오는 게 아닐까 생각해요. 우리나라는 노벨 과학상 수상자가 한 명도 없습니다. 이제 청소년과 일반 독자의 과학 수준을 높여 노벨 과학상 수상자가 매년 나오는 나라가 되게 하고 싶다는 게 제 소망입니다.

그동안 양자역학과 상대성이론에 관한 책은 전 세계적으로 헤아릴 수 없을 정도로 많이 나왔고 앞으로도 계속 나오겠지요. 대부분의 책은 수식을 피하고 관련된 역사 이야기들 중심으로 쓰여 있어요. 제가 보기에는 독자를 고려하여 수식을 너무 배제하는 것 같았습니다. 이제는 독자들의 수준도 많이 높아졌으니 수식을 피하지 말고 천재 과학자들의 오리지널 논문을 이해하길 바랐습니다. 그래서 앞으로 도래할 양자(量子, quantum)와 상대성 우주의 시대를 멋지게 맞이하도록 도우리라는 생각에서 이 기획을 하게 된 것입니다.

원고를 쓰기 위해 논문을 읽고 또 읽으면서 어떻게 이 어려운 논문을 독자들에게 알기 쉽게 설명할까 고민했습니다. 여기서 제가 설정한 독자는 고등학교 정도의 수식을 이해하는 청소년과 일반 독자입니다. 물론 이 시리즈의 논문에 그 수준을 넘어서는 내용도 나오지만 고등학교 수학만 알면 이해할 수 있도록 설명했습니다. 이 책을 읽으며 천재 과학자들의 오리지널 논문을 얼마나 이해할지는 독자들에 따라 다를 거라 생각합니다. 책을 다 읽고 100% 혹은 70%를 이해하거나 30% 미만으로 이해하는 독자도 있을 것입니다. 저의 생각으로는 이 책의 30% 이상 이해한다면 그 사람은 대단하다고 봅니다.

이 책에서 저는 파울리의 스핀과 디랙의 반입자에 관한 논문을 다루었습니다. 이 내용들은 물리학과 대학원에서 공부하는 수준입니다. 일반 독자를 대상으로 하기 때문에 논문에서 꼭 알아야 할 핵심만을 친절하게 설명했습니다. 전문가를 위한 해설은 언젠가 다른 기획이 나온다면 그때 집필할 예정입니다.

특별히 뉴턴이 쓴 미분적분학 책인 《유율법》을 소개하며 라이프니츠의 미분적분학과 어떻게 달리 접근했는지 알아보았습니다. 원자에 자기장을 걸었을 때 선스펙트럼이 달라진다는 제이만 효과를 설명하기 위해 슈뢰딩거 방정식이 어떻게 바뀌어야 하는지에 대해서도 상세히 다루었습니다. 수식을 줄이려고 노력했지만 내용이 내용인지라 이 시리즈의 다른 책들보다는 복잡한 수학식이 많아졌습니다.

제이만 효과를 완벽하게 설명하고자 물리학자들이 도입한 것이 제4의 양자수인 스핀입니다. 이 스핀의 역사와 함께 파울리의 스핀을 고려한 슈뢰딩거 방정식의 탄생을 살펴보았습니다. 뉴턴 역학의 양자화가 슈뢰딩거 방정식이라면 아인슈타인의 특수상대성이론의 양자화는 디랙 방정식입니다. 디랙 방정식의 탄생 과정과 더불어 이 방정식이 예언한 반입자의 역사도 자세히 소개했습니다. 이러한 배경 설명으로 여러분은 디랙의 반입자 개념을 잘 이해할 수 있을 것입니다.

〈노벨상 수상자들의 오리지널 논문으로 배우는 과학〉 시리즈는 많은 이에게 도움을 줄 수 있다고 생각합니다. 과학자가 꿈인 학생과 그의 부모, 어릴 때부터 수학과 과학을 사랑했던 어른, 양자역학과 상대성이론을 좀 더 알고 싶은 사람, 아이들에게 위대한 논문을 소개하려는 과학 선생님, 반도체나 양자 암호 시스템, 우주 항공 계통 등의 일에 종사하는 직장인, 〈인터스텔라〉를 능가하는 SF 영화를 만들고 싶어 하는 영화 제작자나 웹툰 작가 등 많은 사람들에게 이 시리즈를 추천합니다.

진주에서 정완상 교수

반입자를 예언한 물리학자 디랙
_ 체임벌린 박사 깜짝 인터뷰

모든 입자는 반입자라는 짝을 가진다

기자　오늘은 디랙의 반입자 논문에 관해 체임벌린 박사와 인터뷰를 진행하겠습니다. 체임벌린 박사는 1959년 반양성자 발견으로 노벨 물리학상을 수상한 분이지요. 체임벌린 박사님, 나와 주셔서 감사합니다.

체임벌린　제가 노벨상을 받은 건 모두 디랙의 반입자 예언이 있었기 때문이지요. 그래서 만사를 제치고 달려왔습니다.

기자　반입자를 처음 알아낸 물리학자가 디랙이라면서요?

체임벌린　디랙의 논문이 나오기 전까지 양자역학 이론은 뉴턴의 물리학에 기초를 두고 이를 양자화하는 작업이었습니다. 그런데 뉴턴 역학이 1905년 아인슈타인에 의해 특수상대성이론으로 수정되었습니다. 디랙은 아인슈타인의 특수상대성이론에 맞추어 양자역학을 수정할 필요가 있다고 생각했습니다. 그 과정에서 모든 입자는 '반입자'라는 짝을 가진다는 것을 알아냈습니다. 정말 놀라운 업적이지요.

기자　그렇군요.

반입자란 무엇인가?

기자 그런데 반입자는 정확히 어떤 입자를 말하나요?

체임벌린 기존 입자와 운동 방식이 정반대인 입자입니다. 기존 입자에 힘을 작용하면 힘이 작용한 방향으로 속도가 빨라지지만, 반입자에 힘을 작용하면 힘이 작용한 방향으로 속도가 느려집니다. 그래서 디랙은 반입자를 말을 잘 안 듣는 노새라는 동물에 빗대어 노새 입자라고 이름 붙였지요.

기자 모든 입자에 대해 반입자가 존재하나요?

체임벌린 물론입니다. 전자의 반입자는 양전자라고 부릅니다. 전자와 비교할 때, 질량과 전하량의 크기는 같지만 부호가 반대이지요. 저와 세그레 박사가 발견한 반양성자는 양성자에 대해 질량과 전하량의 크기는 같고 부호가 반대입니다.

기자 양전자는 양의 전기를 띠고, 반양성자는 음의 전기를 띠는군요.

체임벌린 그렇습니다. 그 외에도 중성자의 반입자인 반중성자도 발견되었습니다. 그러니까 기존 원자 속 입자가 모두 반입자로 바뀌면 반원자가 됩니다. 예를 들어 반양성자 주위를 양전자 한 개가 도는 것은 반수소이고 양전자 두 개가 도는 것은 반헬륨이지요. 반수소와 반헬륨 모두 발견되었고 과학자들은 더 많은 원소에 대한 반원소를 찾고 있습니다.

기자 이제 좀 이해가 되네요.

1928년 반입자 논문의 개요

기자 디랙의 1928년 논문에는 어떤 내용이 담겨 있나요?

체임벌린 디랙의 논문이 나오는 데 큰 영향을 준 것은 제이만 효과였습니다.

기자 그건 뭔가요?

체임벌린 수소 원자에 자기장을 걸어주면 전자가 가질 수 있는 에너지가 더 많아진다는 것이죠. 전자의 에너지가 많아지면 수소 원자 속에서 방출하는 빛의 파장도 더 다양해집니다. 이것을 제대로 설명하기 위해 파울리는 스핀을 도입했지요.

기자 디랙의 업적은 무엇이죠?

체임벌린 기존 양자역학은 뉴턴 역학의 양자화입니다. 뉴턴 역학의 역학적 에너지 보존 법칙에서 위치와 운동량을 연산자로 바꾼 것이 슈뢰딩거 방정식입니다. 디랙은 뉴턴 역학 대신 아인슈타인의 특수상대성이론에서 위치와 운동량을 연산자로 바꾼 새로운 양자역학을 시도했습니다. 이것이 바로 디랙 방정식이에요. 그 결과 디랙은 양의 에너지를 가진 입자에 대응하는 음의 에너지의 입자가 반드시 존재한다는 것을 알아냈지요. 음의 에너지를 가진 입자가 바로 반입자입니다.

기자 논문을 더 자세히 살펴보고 싶군요.

반입자 논문이 일으킨 파장

기자 디랙의 1928년 논문은 어떤 변화를 가지고 왔나요?

체임벌린 이 논문으로 입자의 종류는 두 배로 대폭 증가했습니다. 전자의 반입자인 양전자를 시작으로 양성자와 중성자의 반입자인 반양성자와 반중성자도 발견되었습니다. 그 후 반양성자 주위를 양전자가 돌고 있는 반수소도 찾아냈습니다. 이제 인류는 더 많은 반물질을 찾는 문제에 직면했고 이러한 연구는 계속될 것입니다.

기자 반입자가 생활 속에서도 쓰이나요?

체임벌린 물론입니다. 가령 병원에서 사용하는 양전자 방출 단층촬영(positron emission tomography, PET)은 양전자 방출을 이용하는 핵의학 검사 방법 중 하나입니다. 양전자를 방출하는 방사성 동위원소를 결합한 의약품을 체내에 주입한 후 양전자 방출 단층 촬영기로 이를 추적하여 체내 분포를 알아보는 것이죠. 양전자 방출 단층촬영은 암 검사, 심장 질환, 뇌 질환 및 뇌 기능 평가를 위한 수용체 영상이나 대사 영상을 얻는 데도 쓰입니다.

기자 그렇군요. 지금까지 디랙의 반입자 논문에 대해 체임벌린 박사님의 이야기를 들어 보았습니다.

첫 번째 만남

●

미적분의 역사

미분과 적분의 발견 _ 뉴턴과 라이프니츠

정교수 이 책의 긴 여정을 시작하려면 미적분에 관한 지식이 필요하다네. 우리는 미분과 적분을 어떻게 발견했는지 그 역사부터 살펴볼 거야.

물리군 미분과 적분은 영국의 뉴턴과 독일의 라이프니츠가 비슷한 시기에 독립적으로 발견한 것으로 알고 있어요.

정교수 맞아. 먼저 뉴턴에 대해 알아볼까? 그는 영국이 자랑하는 위대한 수학자이자 물리학자라네.

뉴턴(Isaac Newton, 1642~1726)

뉴턴은 케임브리지 대학 트리니티 칼리지를 다니던 중 미적분의 원리와 만유인력의 법칙을 발견했다. 뉴턴의 운동법칙과 중력에 관한 내용은 그의 위대한 저서 《프린키피아》에 자세히 소개되어 있다.

이 책에서 그는 케플러 법칙을 증명하고 중력의 공식 및 밀물과 썰물의 원리 등을 설명했다.

수학양　《프린키피아》에 미적분이 설명되어 있나요?

정교수　《프린키피아》에서 미분과 적분을 소개한 내용은 아주 짧아. 뉴턴은 미분과 적분을 쉽게 이해하지 못할 독자들을 위해 기하학적인 방법으로 이 책을 집필했거든.

물리군　미분과 적분 내용은 어느 책에 들어 있죠?

정교수　뉴턴은 1736년 출간된 자신의 책 《유율법》에서 미분과 적분을 구체적으로 다루었다네.

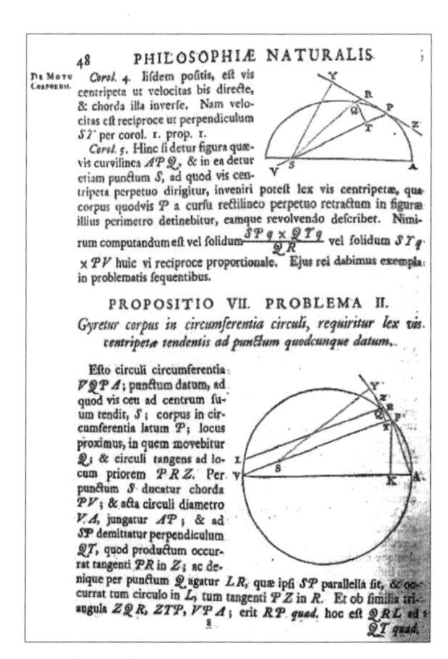
48 PHILOSOPHIÆ NATURALIS

De Motu Corporum.

Corol. 4. Iisdem positis, est vis centripeta ut velocitas bis directe, & chorda illa inverse. Nam velocitas est reciproce ut perpendiculum *ST* per corol. 1. prop. 1.

Corol. 5. Hinc si detur figura quævis curvilinea *APQ*, & in ea detur etiam punctum *S*, ad quod vis centripeta perpetuo dirigitur, inveniri potest lex vis centripetæ, qua corpus quodvis *P* a cursu rectilineo perpetuo retractum in figuræ illius perimetro detinebitur, eamque revolvendo describet. Nimirum computandum est vel solidum $\frac{SPq \times QTq}{QR}$ vel solidum $STq \times PV$ huic vi reciproce proportionale. Ejus rei dabimus exempla in problematis sequentibus.

PROPOSITIO VII. PROBLEMA II.

Gyretur corpus in circumferentia circuli, requiritur lex vis centripetæ tendentis ad punctum quodcunque datum.

Esto circuli circumferentia *VQPA*; punctum datum, ad quod vis ceu ad centrum suum tendit, *S*; corpus in circumferentia latum *P*; locus proximus, in quem movebitur *Q*; & circuli tangens ad locum priorem *PRZ*. Per punctum *S* ducatur chorda *PV*; & acta circuli diametro *VA*, jungatur *AP*; & ad *SP* demittatur perpendiculum *QT*, quod productum occurrat tangenti *PR* in *Z*; ac denique per punctum *Q* agatur *LR*, quæ ipsi *SP* parallela sit, & occurrat tum circulo in *L*, tum tangenti *PZ* in *R*. Et ob similia triangula *ZQR*, *ZTP*, *VPA*; erit *RP quad.* hoc est *QRL* ad *QT quad.*

《프린키피아》의 한 페이지

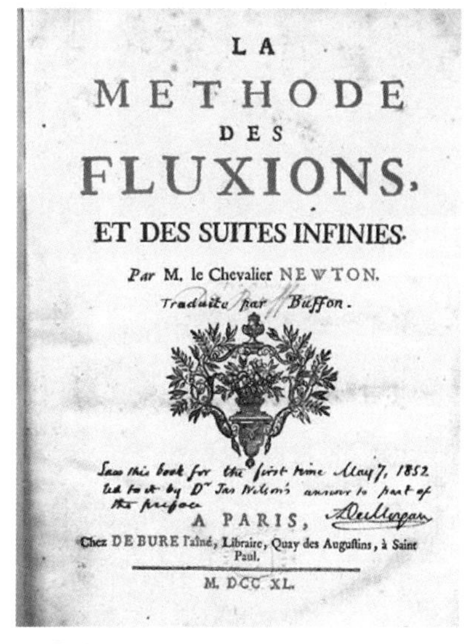
LA
METHODE
DES
FLUXIONS,
ET DES SUITES INFINIES.
Par M. le Chevalier NEWTON.
Traduite par Buffon.
A PARIS,
Chez DE BURE l'aîné, Libraire, Quay des Augustins, à Saint Paul.
M. DCC XL.

《유율법》

수학양 이 책 이름은 생소하네요.

정교수 뉴턴이 집필한 훌륭한 저서 중 하나인데 《프린키피아》 때문에 잘 알려지지 않았지.

물리군 그렇군요. 이제 미분과 적분을 발견한 또 다른 사람 이야기를 해주세요. 라이프니츠는 어떤 수학자예요?

정교수 라이프니츠는 독특한 이력을 가졌지. 그의 일생을 먼저 살펴보겠네.

라이프니츠(Gottfried Wilhelm Leibniz, 1646~1716)

라이프니츠는 1646년 독일의 라이프치히에서 태어났다. 그는 6살 때 아버지가 사망하여 어머니의 손에 자랐다. 그의 아버지는 라이프치히 대학 철학 교수였으며, 그는 아버지의 개인 도서실을 상속받았다. 이것은 그로 하여금 방대한 서적을 접할 기회를 만들어 주었다.

학교에 들어가기 전부터 라이프니츠는 독학으로 라틴어와 철학을 공부했다. 14살에는 라이프치히 대학에 입학해 철학을 배우면서 베이컨, 갈릴레이 그리고 데카르트의 책을 열심히 읽었다. 법학에 관심이 있던 그는 박사 과정에 진학하려고 했지만 라이프치히 대학은 그가 어리다는 이유로 입학을 허가하지 않았다. 그래서 그는 뉘른베르크 근처에 있는 알트도르프 대학에 진학해 1667년 〈결합술에 관한 논고〉라는 논문으로 박사 학위를 받았다.

1692년과 1694년에는 삼각함수, 로그함수의 수학적 개념을 명확하게 정리했고, 좌표를 이용한 기하학에 대해 연구했다. 또한 그는 선형방정식의 계수를 배열(오늘날의 행렬)로 생각할 수 있다고 보았다. 행렬을 이용하면 방정식의 해를 찾는 것이 쉬워지는데, 이 방법은 후에 가우스 소거법으로 명명되었다.

라이프니츠는 아이작 뉴턴과 더불어 무한소를 사용한 계산법(미분과 적분)을 발견했다고 알려져 있다. 그의 공책을 보면 그가 처음으로 $y = f(x)$의 그래프 아래 면적을 계산하는 데 적분 계산법을 도입한 날이 1675년 11월 11일이라는 것을 알 수 있다. 이날 라이프니츠는 지금도 쓰이는 표기법 몇 개를 만들었는데, 그 예로 합을 뜻하는 라틴어 Summa의 S를 길게 늘인 적분 기호 $\int$, 라틴어 differentia에서 유래한 미분 기호 d가 있다.

라이프니츠가 적분을 생각하게 된 동기는 포도주를 숙성하는 오크 통의 부피를 측정하기 위해서였다. 그는 미분과 적분 연구 결과를 1684년 독일 학회에 발표했다. 그런데 뉴턴이 1669년 작성한 논문 〈무한급수에 의한 해석에 관하여〉에 이미 미분과 적분 아이디어가 들어 있었다. 라이프니츠는 자신과 뉴턴의 방법이 서로 상이하여 크게 신경 쓰지 않았다. 하지만 영국 학회의 생각은 달랐다. 영국 학회는 라이프니츠가 뉴턴의 논문을 베꼈다고 주장했다.

라이프니츠는 이 일로 크게 상처받고 우울증에 빠졌다. 1711년부터 죽을 때까지 그는 미분과 적분을 뉴턴과 독립적으로 발견했는지, 아니면 원래 뉴턴의 아이디어를 다른 표기법으로 쓴 것뿐인지에 대해 논쟁을 계속할 수밖에 없었다.

MENSIS OCTOBRIS A. MDCLXXXIV. 467

NOVA METHODVS PRO MAXIMIS ET MInimis, itemque tangentibus, quæ nec fractas, nec irrationales quantitates moratur, & singulare pro illis calculi genus, per G.G. L.

TAB. XII.

SIt axis AX, & curvæ plures, ut VV, WW, YY, ZZ, quarum ordinatæ, ad axem normales, VX, WX, YX, ZX, quæ vocentur respective, *v*, vv, y, z; & ipsa AX abscissa ab axe, vocetur x. Tangentes sint VB, WC, YD, ZE axi occurrentes respective in punctis B, C, D, E. Jam recta aliqua pro arbitrio assumta vocetur dx, & recta quæ sit ad dx, ut *v* (vel vv, vel y, vel z) est ad VB (vel WC, vel YD, vel ZE) vocetur d*v* (vel d vv, vel dy vel dz) sive differentia ipsarum *v* (vel ipsarum vv, aut y, aut z) His positis calculi regulæ erunt tales:

Sit a quantitas data constans, erit da æqualis o, & d ax erit æqua dx: si sit y æqu. *v* (seu ordinata quævis curvæ YY, æqualis cuivis ordinatæ respondenti curvæ VV) erit dy æqu. d*v*. Jam *Additio & Subtractio:* si sit z -y† vv† x æqu. *v*, erit d z--y †vv†x seu d*v*, æqu. dz--dy†dvv† dx. *Multiplicatio*, dx*v* æqu. xd*v*†*v*dx, seu posito y æqu. x*v*, fiet d y æqu. x d *v* † *v* dx. In arbitrio enim est vel formulam, ut x*v*, vel compendio pro ea literam, ut y, adhibere. Notandum & x & dx eodem modo in hoc calculo tractari, ut y & dy, vel aliam literam indeterminatam cum sua differentiali. Notandum etiam non dari semper regressum a differentiali Æquatione, nisi cum quadam cautione, de quo alibi. Porro *Divisio*, d—vel (posito z æqu.) d z æqu. †*v*dy†yd*v* / yy

Quoad *Signa* hoc probe notandum, cum in calculo pro litera substituitur simpliciter ejus differentialis, servari quidem eadem signa, & pro †z scribi †dz, pro--z scribi--dz, ut ex additione & subtractione paulo ante posita apparet; sed quando ad exegesin valorum venitur, seu cum consideratur ipsius z relatio ad x, tunc apparere, an valor ipsius dz sit quantitas affirmativa, an nihilo minor seu negativa: quod posterius cum fit, tunc tangens ZE ducitur a puncto Z non versus A, sed in partes contrarias seu infra X, id est tunc cum ipsæ ordinatæ

N n n 3 z decre-

1684년 라이프니츠의 미적분에 관한 첫 논문

수학양 미분과 적분은 알고 있어요. 주어진 함수 $y=f(x)$의 미분은

$$\frac{dy}{dx}=f'(x)=\lim_{\Delta x \to 0}\frac{f(x+\Delta x)-f(x)}{\Delta x} \tag{1-1-1}$$

로 정의해요. 적분은 미분의 반대이고요. 그러니까

$$\frac{dy}{dx} = F(x)$$

이면

$$y = \int F(x)\,dx \qquad (1\text{–}1\text{–}2)$$

라고 써요.

정교수 미분과 적분에 대한 정의는 정확히 알고 있군. 앞으로 다룰 내용에도 필요하니 고등학교 수학에 나오는 미분과 적분 공식을 잘 정리해 두게.

역삼각함수 _ 삼각함수의 역함수

정교수 지금부터는 역삼각함수에 대해 알아볼 거야.

물리군 역삼각함수는 처음 들어 봤어요.

정교수 삼각함수의 역함수를 역삼각함수라고 부르지. $\sin x$의 역함수를 $\sin^{-1} x$, $\cos x$의 역함수를 $\cos^{-1} x$, $\tan x$의 역함수를 $\tan^{-1} x$로 쓴다네. 역함수는 보통 $y = f(x)$에서 x와 y를 바꾸면 되는데 여기에는 조금 문제가 있어.

수학양 어떤 문제죠?

정교수 예를 들어 $y = \sin x$에서 x에 $\cdots, -2\pi, -\pi, 0, \pi, 2\pi, \cdots$를 넣으면 모두 $y = 0$이 돼. 다시 말해 0에 대응하는 x가 어떤 값인지를 알 수가 없어. 그래서 역삼각함수를 정의할 때는 $-\frac{\pi}{2} \le x \le \frac{\pi}{2}$ 처럼 제한된 구간을 이용하지. 그러면 x의 값 하나에 대응하는 y의 값이 하나가 되거든. 즉, 역함수를 정의할 수 있다네. $y = \sin^{-1}x$의 정의역은 $-1 \le x \le 1$로 택하지. 따라서 다음과 같아.

$$\sin^{-1}0 = 0$$

$$\sin^{-1}\frac{1}{2} = \frac{\pi}{6}$$

$$\sin^{-1}\frac{1}{\sqrt{2}} = \frac{\pi}{4}$$

$$\sin^{-1}\frac{\sqrt{3}}{2} = \frac{\pi}{3}$$

$$\sin^{-1}1 = \frac{\pi}{2}$$

$$\sin^{-1}\left(-\frac{1}{2}\right) = -\frac{\pi}{6}$$

$$\sin^{-1}\left(-\frac{1}{\sqrt{2}}\right) = -\frac{\pi}{4}$$

$$\sin^{-1}\left(-\frac{\sqrt{3}}{2}\right) = -\frac{\pi}{3}$$

$$\sin^{-1}(-1) = -\frac{\pi}{2}$$

같은 방법으로 우리는 $y = \cos^{-1}x$나 $y = \tan^{-1}x$도 정의할 수 있어. 이제 역삼각함수의 미분 공식을 찾아보겠네. 그에 앞서 삼각함수의 미분 공식을 떠올려 볼까?

물리군 삼각함수의 미분 공식은 다음과 같아요.

$$(\sin x)' = \cos x$$

$$(\cos x)' = -\sin x$$

$$(\tan x)' = \sec^2 x$$

정교수 이 공식을 이용하면 역삼각함수의 미분 공식을 만들 수 있네.

함수 $y = \sin x$를 보자. 역함수는 주어진 함수에서 x와 y를 바꾸면 되므로

$$x = \sin y \tag{1-2-1}$$

이고 이때

$$y = \sin^{-1}x$$

가 된다. 그러므로

$$(\sin^{-1}x)' = \frac{dy}{dx}$$

이다. 식 (1-2-1)을 x로 미분하면

$$1 = \cos y \cdot \frac{dy}{dx}$$

이므로

$$\frac{dy}{dx} = \frac{1}{\cos y}$$

로 쓸 수 있다. 삼각함수 사이의 관계를 이용하면

$$\frac{dy}{dx} = \frac{1}{\sqrt{1 - \sin^2 y}}$$

이고, 여기에 식 (1-2-1)을 대입하면

$$\frac{dy}{dx} = \frac{1}{\sqrt{1 - x^2}}$$

이다. 즉,

$$(\sin^{-1} x)' = \frac{1}{\sqrt{1 - x^2}} \tag{1-2-2}$$

이 된다. 같은 방법으로

$$(\cos^{-1} x)' = -\frac{1}{\sqrt{1 - x^2}} \tag{1-2-3}$$

$$(\tan^{-1}x)' = \frac{1}{1+x^2} \tag{1-2-4}$$

을 구할 수 있다.

수학양 나머지는 제가 증명해 볼게요!

뉴턴의 일반화된 이항정리 _ n이 자연수가 아닌 경우

정교수 이항정리는 무엇인지 알고 있나?

물리군 학교에서 배웠어요. n이 자연수일 때

$$(1+x)^n = 1 + nx + \frac{1}{2!}n(n-1)x^2 + \frac{1}{3!}n(n-1)(n-2)x^3 + \cdots + x^n \tag{1-3-1}$$

이에요.

정교수 뉴턴은 n이 자연수가 아닌 경우 이 공식을 무한급수로 표현할 수 있을 거라고 보았지. 구체적인 식을 가지고 살펴볼까?

뉴턴은 다음과 같은 무한급수를 생각했다.

$$(1-X)^{-\frac{1}{2}} = a_0 + a_1X + a_2X^2 + a_3X^3 + \cdots \tag{1-3-2}$$

양변에 $X=0$을 대입하면

$$a_0 = 1$$

이 된다. 한편

$$(1-X)^{-\frac{1}{2}}(1-X)^{-\frac{1}{2}} = (1-X)^{-1}$$

$$= \frac{1}{1-X}$$

$$= 1 + X + X^2 + X^3 + \cdots$$

이므로

$$(1 + a_1X + a_2X^2 + a_3X^3 + \cdots)(1 + a_1X + a_2X^2 + a_3X^3 + \cdots)$$

$$= 1 + X + X^2 + X^3 + \cdots$$

이다. 좌변을 전개하면

$$1 + 2a_1X + (2a_2 + a_1^2)X^2 + (2a_3 + 2a_2a_1)X^3 + \cdots$$
$$= 1 + X + X^2 + X^3 + \cdots$$

이므로

$$2a_1 = 1$$

$$2a_2 + a_1^2 = 1$$

$$2a_3 + 2a_2a_1 = 1$$

임을 알 수 있다. 이 식을 풀면 다음과 같다.

$$a_1 = \frac{1}{2}$$

$$a_2 = \frac{3}{8}$$

$$a_3 = \frac{5}{16}$$

따라서

$$(1-X)^{-\frac{1}{2}} = 1 + \frac{1}{2}X + \frac{3}{8}X^2 + \frac{5}{16}X^3 + \cdots \tag{1-3-3}$$

이다. 여기서 $X = -x$라고 하면

$$(1+x)^{-\frac{1}{2}} = 1 + \left(-\frac{1}{2}\right)x + \frac{1}{2!}\left(-\frac{1}{2}\right)\left(-\frac{1}{2}-1\right)x^2$$
$$+ \frac{1}{3!}\left(-\frac{1}{2}\right)\left(-\frac{1}{2}-1\right)\left(-\frac{1}{2}-2\right)x^3 + \cdots$$

이 된다.

수학양 식 (1–3–1)에서 n에 $-\frac{1}{2}$을 넣은 것과 같네요.

정교수 이것을 뉴턴의 일반화된 이항정리 공식이라고 부른다네.

삼각함수의 무한급수 표현_다른 꼴로 나타내기

정교수　이번에는 삼각함수를 무한급수로 나타내는 법을 소개할게. 이것은 1669년에 뉴턴이 발견했어.

물리군　사인함수나 코사인함수를 말하는 거죠?

정교수　맞아. 뉴턴은 다음과 같은 적분을 생각했지.

$$I = \int_0^x \frac{dt}{\sqrt{1-t^2}} \tag{1-4-1}$$

여기서 $t = \sin\theta$로 치환하면

$$dt = \cos\theta d\theta$$

이고

$$\sqrt{1-t^2} = \sqrt{1-\sin^2\theta} = \sqrt{\cos^2\theta} = \cos\theta$$

이다. 한편 $t=0$은 $\theta=0$에 대응하고, $t=x$는 $\theta=\sin^{-1}x$에 대응하므로

$$I = \int_0^x \frac{dt}{\sqrt{1-t^2}} = \int_0^{\sin^{-1}x} \frac{\cos\theta d\theta}{\cos\theta} = \int_0^{\sin^{-1}x} d\theta = \sin^{-1}x \tag{1-4-2}$$

가 된다. 뉴턴은

$$\frac{1}{\sqrt{1-t^2}} = (1-t^2)^{-\frac{1}{2}}$$

에 대해 자신의 일반화된 이항정리 공식을 써서 다음과 같이 나타냈다.

$$I = \int_0^x \left(1 + \frac{1}{2}t^2 + \frac{3}{8}t^4 + \cdots\right)dt$$

$$= x + \frac{1}{6}x^3 + \frac{3}{40}x^5 + \cdots \quad (1-4-3)$$

이로써 다음 무한급수를 얻는다.

$$\sin^{-1}x = x + \frac{1}{6}x^3 + \frac{3}{40}x^5 + \cdots \quad (1-4-4)$$

뉴턴은 사인함수의 무한급수 표현을 찾기 위해

$$z = \sin^{-1}x$$

또는

$$x = \sin z \quad (1-4-5)$$

라고 두었다. 그러므로 식 (1-4-4)는

$$z = x + \frac{1}{6}x^3 + \frac{3}{40}x^5 + \cdots \quad (1-4-6)$$

이 된다. 뉴턴은

$$x = z + Bz^2 + Cz^3 + Dz^4 + Ez^5 + \cdots \quad (1-4-7)$$

으로 놓고 이것을 식 (1-4-6)에 대입해

$$z = z + Bz^2 + \left(C + \frac{1}{6}\right)z^3 + \left(D + \frac{B}{2}\right)z^4 + \left(E + \frac{C}{2} + \frac{B^2}{2} + \frac{3}{40}\right)z^5 + \cdots$$

을 얻었다. 이 식의 양변을 비교하면

$$B = 0$$

$$C + \frac{1}{6} = 0$$

$$D + \frac{B}{2} = 0$$

$$E + \frac{C}{2} + \frac{B^2}{2} + \frac{3}{40} = 0$$

이므로

$$B = 0$$

$$C = -\frac{1}{6}$$

$$D = 0$$

$$E = \frac{1}{120}$$

이다. 따라서 다음을 구할 수 있다.

$$x = \sin z = z - \frac{1}{6}z^3 + \frac{1}{120}z^5 + \cdots$$

뉴턴은 더 많은 항을 계산해

$$\sin z = z - \frac{1}{6}z^3 + \frac{1}{120}z^5 - \frac{1}{5040}z^7 + \cdots$$

을 얻었고, 이를 다음과 같이 표현했다.

$$\sin z = z - \frac{1}{3!}z^3 + \frac{1}{5!}z^5 - \frac{1}{7!}z^7 + \cdots \qquad (1-4-8)$$

같은 방법으로 뉴턴은 코사인함수를 다음과 같이 나타낼 수 있었다.

$$\cos z = 1 - \frac{1}{2!}z^2 + \frac{1}{4!}z^4 - \frac{1}{6!}z^6 + \cdots \qquad (1-4-9)$$

수학양 삼각함수를 무한급수로 나타내다니 신기해요.

오일러 공식 _ 오일러 수로부터

정교수 1683년 야코프 베르누이는 다음과 같은 극한을 생각했다네.

$$\lim_{n \to \infty}\left(1 + \frac{1}{n}\right)^n$$

이 값을 훗날 오일러가 e로 썼고 오일러 수라고 알려졌지. 이렇듯 역사는 잘못 기록되는 경우가 많아.

물리군 그런 숨은 이야기가 있었군요.

정교수 앞으로

$$e = \lim_{n \to \infty}\left(1 + \frac{1}{n}\right)^n$$

이라고 쓰겠네. 이 극한값은 일정한 값에 가까워지는데 컴퓨터로 계산하면

$$e = 2.718281828459045235360287471352662497757247093699 95\cdots$$

가 되지.

이제 다음 지수함수를 볼까?

$$y = e^x$$

이 함수를 무한급수로 나타내겠네. e의 정의에 의해

$$e^x = \lim_{n \to \infty}\left(1 + \frac{1}{n}\right)^{nx}$$

이지. 여기서 뉴턴의 일반화된 이항정리 공식을 쓰면

$$\left(1 + \frac{1}{n}\right)^{nx} = 1 + nx \cdot \frac{1}{n} + \frac{nx(nx-1)}{2} \cdot \left(\frac{1}{n}\right)^2 + \frac{nx(nx-1)(nx-2)}{3!} \cdot \left(\frac{1}{n}\right)^3 + \cdots$$

$$= 1 + x + \frac{x}{2!}\left(x - \frac{1}{n}\right) + \frac{x}{3!}\left(x - \frac{1}{n}\right)\left(x - \frac{2}{n}\right) + \cdots$$

일세. 그리고 $n \to \infty$의 극한을 취하면

$$\frac{1}{n} \longrightarrow 0, \ \frac{2}{n} \longrightarrow 0, \ \cdots$$

이므로

$$e^x = 1 + x + \frac{x^2}{2!} + \frac{x^3}{3!} + \cdots \tag{1-5-1}$$

이 되지.

수학양 $x = 1$을 대입하면

$$e = 2 + \frac{1}{2!} + \frac{1}{3!} + \cdots \tag{1-5-2}$$

이군요.

정교수 그렇지. 그래서 e는 2보다 큰 수인 것을 알 수 있어. 그러니까

$$e^{ax} = 1 + ax + \frac{1}{2!}a^2x^2 + \frac{1}{3!}a^3x^3 + \cdots \tag{1-5-3}$$

이지. 이 식을 미분하면

$$\begin{aligned}(e^{ax})' &= a + \frac{1}{2!}a^2 \cdot 2x + \frac{1}{3!}a^3 \cdot 3x^2 + \cdots \\ &= a\left(1 + ax + \frac{1}{2!}a^2x^2 + \cdots\right) \\ &= ae^{ax}\end{aligned}$$

이므로

$$(e^{ax})' = ae^{ax} \tag{1-5-4}$$

이라네.

물리군 e^{ax}은 미분해도 모양이 비슷하군요.

정교수 맞아. 재미있는 함수지. 더 신기한 것도 보여 줄까? 앞에서 정리한 식 (1-5-1)에 x 대신 ix를 넣으면

$$e^{ix} = 1 + ix + \frac{1}{2!}(ix)^2 + \frac{1}{3!}(ix)^3 + \frac{1}{4!}(ix)^4 + \cdots$$

$$= 1 + ix - \frac{1}{2!}x^2 - \frac{i}{3!}x^3 + \frac{1}{4!}x^4 + \cdots$$

이고, 이 식을 실수부와 허수부로 분리하면 다음과 같아.

$$e^{ix} = \left(1 - \frac{x^2}{2!} + \frac{x^4}{4!} + \cdots\right) + i\left(x - \frac{x^3}{3!} + \cdots\right)$$

삼각함수를 이용하여 나타내면

$$e^{ix} = \cos x + i \sin x \tag{1-5-5}$$

가 되지. 이것을 오일러 공식이라고 한다네. 일반적으로는

$$e^{inx} = \cos nx + i \sin nx \tag{1-5-6}$$

로 쓸 수 있어. n이 정수이면

$$\cos(2n\pi) = 1$$

$$\sin(2n\pi) = 0$$

이므로 이때

$$e^{2n\pi i} = 1 \qquad (1\text{-}5\text{-}7)$$

이 돼. 이건 꼭 기억해 두게.

이제 다음 적분을 살펴보겠네.

$$\int_0^{2\pi} e^{in\theta} d\theta \quad (n\text{은 정수})$$

이 적분값은 $n = 0$이면 2π이지만 n이 0이 아닌 정수이면 0이 되지.

수학양 왜 값이 0이 되죠?

정교수 그 이유는 다음과 같이 보일 수 있어.

$$\int_0^{2\pi} e^{in\theta} d\theta = \left[\frac{1}{in} e^{in\theta}\right]_0^{2\pi} = 0$$

물리군 $e^{2n\pi i} = 1$ 때문이군요.

정교수 그렇다네.

뉴턴의 미분방정식 _함수의 미분을 포함하는 방정식

정교수 이제 뉴턴이 처음 연구한 미분방정식을 다루려고 해.

물리군 미분방정식은 금시초문인걸요.

정교수 대학교에서 배우는 수학 내용이지만 쉽게 설명해 보겠네.

방정식은 $x-2=0$처럼 특정한 수에 대해 성립하는 등식이다. 이 특정한 수를 방정식의 해라고 한다. 이 경우 해는 $x=2$이다.

미분방정식은 함수의 미분을 포함하는 방정식을 말한다. 예를 들어 다음과 같은 방정식들이 미분방정식이다.

$$y'-2y=x \tag{1-6-1}$$

$$y''-3y'+2y=0 \tag{1-6-2}$$

y'을 y의 일계미분, y''을 y의 이계미분이라고 한다. 식 (1-6-1)처럼 y의 일계미분만 포함하는 미분방정식을 일계미분방정식이라 하고, 식 (1-6-2)처럼 y의 이계미분까지 포함하는 미분방정식을 이계미분방정식이라고 부른다.

가장 간단한 미분방정식은

$$y'=0 \tag{1-6-3}$$

이라고 할 수 있다. 이 식을 풀면

$y = $(어떤 수)

가 되는데, (어떤 수)를 C로 쓰면 이 미분방정식의 해는

$$y = C$$

이다. 또 다른 예를 보자.

$$y' = 2x$$

여기서는 미분하면 $2x$가 되는 y를 구하면 된다. $(x^2)' = 2x$이므로 이 미분방정식의 해는

$$y = x^2 + C$$

이다.

1671년 뉴턴은 미분방정식을 처음 알아냈고, 1736년에 출간된 자신의 책 《유율법》에 그 내용을 수록했다.

뉴턴은 다음과 같은 일계미분방정식을 생각했다.

$$y' = 1 - 3x + y + x^2 + xy,\ y(0) = 0 \tag{1-6-4}$$

그리고 이 미분방정식의 해를

$$y = \sum_{n=0}^{\infty} a_n x^n = a_0 + a_1 x + a_2 x^2 + \cdots \tag{1-6-5}$$

으로 놓았다. 그는 $y(0)=0$으로부터

$$a_0=0 \tag{1-6-6}$$

을 얻었다. 이때

$$y'=\sum_{n=0}^{\infty} na_n x^{n-1}=a_1+2a_2x+3a_3x^2+\cdots \tag{1-6-7}$$

이다. 뉴턴은 식 (1-6-5)와 (1-6-7)을 식 (1-6-4)에 대입해

$$a_1+2a_2x+3a_3x^2+\cdots$$

$$=1-3x+(a_0+a_1x+a_2x^2+\cdots)+x^2+x(a_0+a_1x+a_2x^2+\cdots)$$

또는

$$a_1+2a_2x+3a_3x^2+\cdots=1+a_0+(-3+a_1+a_0)x+(a_2+1+a_1)x^2+\cdots$$

을 얻었다. 이 식의 계수를 비교하면

$$a_1=1+a_0$$

$$2a_2=-3+a_1+a_0$$

$$3a_3=a_2+1+a_1$$

이므로

$$a_0 = 0$$

$$a_1 = 1$$

$$a_2 = -1$$

$$a_3 = \frac{1}{3}$$

이 된다. 뉴턴은 이 방법으로 미분방정식의 해가

$$y = x - x^2 + \frac{1}{3}x^3 + \cdots \qquad (1\text{–}6\text{–}8)$$

이라는 것을 알아냈다.

수학양 무한급수를 쓰면 미분방정식을 풀 수 있네요. 그럼 이계미분방정식은 어떻게 풀죠?

정교수 예를 들어 다음 이계미분방정식을 보게.

$$y'' - 4y = 0 \qquad (1\text{–}6\text{–}9)$$

이 식은 다음과 같이 쓸 수 있어.

$$y'' = 4y$$

이렇게 두 번 미분한 것이 다시 자기 자신에 비례하니까 y자리에 e^{ax}을 넣으면 식 (1–6–9)를 만족할 거야. 즉,

$$a^2e^{ax} = 4e^{ax}$$

이므로

$$a^2 = 4$$

가 되지.

물리군　그러면 $a = 2$ 또는 $a = -2$가 가능하군요.

정교수　맞아. $y = e^{2x}$ 또는 $y = e^{-2x}$은 식 (1–6–9)를 만족하지. 이때 이계미분방정식 (1–6–9)의 해는

$$y = c_1e^{2x} + c_2e^{-2x}$$

으로 쓴다네. 여기서 c_1, c_2는 임의의 상수일세.

수학양　다음 미분방정식은 어떻게 풀어요?

$$y'' + 4y = 0 \tag{1–6–10}$$

정교수　이 경우 y자리에 e^{ax}을 넣으면

$$a^2 = -4$$

이므로

$$a = 2i \text{ 또는 } a = -2i$$

이지. 따라서 미분방정식 (1–6–10)의 해는

$$y = c_1 e^{2ix} + c_2 e^{-2ix}$$

이 되는 거야.

편미분 _ 변수가 둘 이상인 함수에 대해서

정교수　이번에는 편미분에 대해 이야기해 보겠네.

물리군　편미분은 뭐예요?

정교수　간단해. 예를 들어 다음과 같은 함수를 보게.

$$f(x, y) = x^2 + y^3$$

수학양　이것도 함수인가요?

정교수　여기서 변수는 x, y 두 개야. 이렇게 변수가 둘인 함수를 이변수함수라고 불러. 이때 x만 문자로 생각하여 x에 대해 미분하는 것을 x에 대한 편미분이라 하고

$$\frac{\partial f}{\partial x} \text{ 또는 } \partial_x f \text{ 또는 } f_x$$

로 쓰지.

물리군　x만 문자로 보면 f에서 y^3은 상수처럼 취급하면 되니까

$$\partial_x f = f_x = 2x$$

이군요.

정교수　그렇지. 마찬가지로 y만 문자로 생각하여 y에 대해 미분하는 것을 y에 대한 편미분이라 하고

$$\frac{\partial f}{\partial y} \text{ 또는 } \partial_y f \text{ 또는 } f_y$$

로 쓴다네.

수학양　y만 문자로 보면 f에서 x^2은 상수처럼 취급하면 되니까

$$\partial_y f = f_y = 3y^2$$

이고요.

정교수　이런 식으로 편미분은 변수가 두 개 이상인 함수에 대해서 어떤 변수만 문자로 취급하고 다른 변수는 수로 취급한 미분을 뜻해. 이걸 바탕으로 전미분을 설명하겠네.

이변수함수 $f(x, y)$에 대해 이 함수의 전미분은 df라 쓰고 다음과 같이 정의한다.

$$df = f_x dx + f_y dy \tag{1-7-1}$$

삼변수함수 $f(x, y, z)$에 대한 전미분은 다음과 같다.

$$df = f_x dx + f_y dy + f_z dz \tag{1-7-2}$$

이제 전미분의 의미를 알아보자. 일변수함수에서 $f(x) = (상수)$이면 $f'(x) = 0$이고 그 역도 성립한다. 이변수함수에서 $f(x, y) = (상수)$이면 $f_x = 0$이고 $f_y = 0$이 된다.

그럼 $f_x = 0$이면 f는 상수일까? 그렇지는 않다.

예를 들어 $f(x, y) = y$를 보면 $f_x = 0$이지만 상수는 아니다. 그러므로 이변수함수에서 $f(x, y) = (상수)$인 결과를 만들려면 $f_x = 0$이고 $f_y = 0$이어야 한다. 즉,

$$df = 0$$

의 조건을 요구해야 한다. 따라서 이변수함수에 대해

$$\int_A^B df = f_B - f_A \tag{1-7-3}$$

라는 적분 공식을 얻는다. 삼변수함수에 대해서도 마찬가지로 전미분을 적분해야 적분 기호가 벗겨진다는 것을 알 수 있다.

두 번째 만남

•

3차원에서의 역학

3차원에서 뉴턴 역학 _ 3차원 공간으로의 확장

정교수 초기 양자역학 연구는 일차원 역학을 양자역학으로 바꾸는 작업이었어. 하지만 수소 원자는 3차원 공간에 있으므로 3차원 역학을 3차원 양자역학으로 바꾸는 작업이 필요해.

물리군 우선 3차원 역학을 알아야겠군요.

정교수 맞아. 이제 3차원에서의 뉴턴 역학을 설명하겠네.

3차원 공간에서는 물체의 위치를 벡터로 나타내는데, 이 벡터를 물체의 위치벡터라고 부른다. 원점을 적당히 선택하고 다음 그림과 같이 물체의 위치벡터를 $\vec{r}$라고 하자.

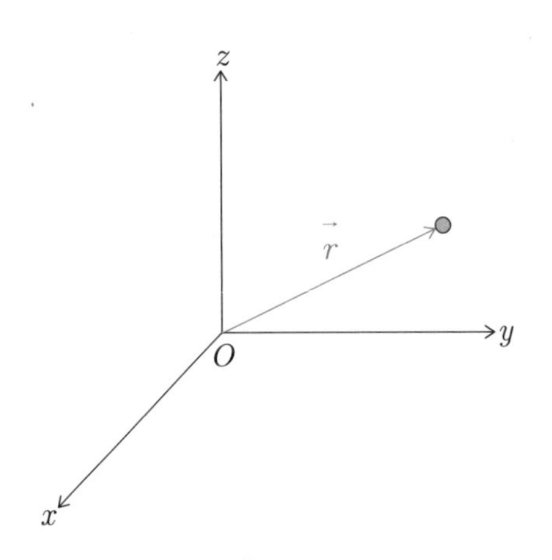

물체의 위치벡터는 다음과 같이 x, y, z축 방향의 단위벡터를 써서

나타낼 수 있다.

$$\vec{r} = x\hat{i} + y\hat{j} + z\hat{k}$$

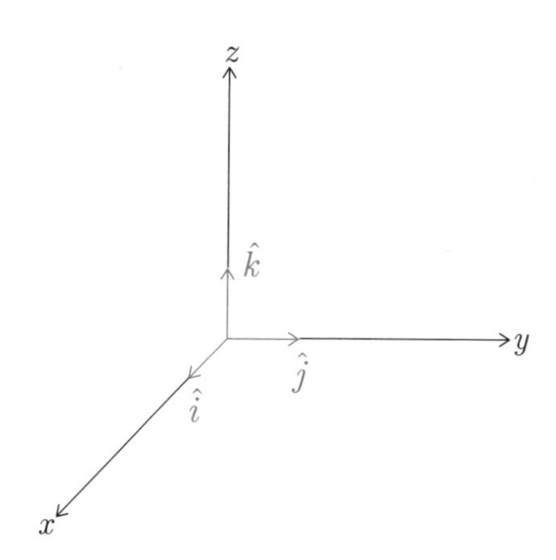

여기서 $\hat{i}$, $\hat{j}$, $\hat{k}$는 각각 x축, y축, z축과 나란하면서 크기가 1인 벡터이다.

물체는 시간에 따라 움직이면서 위치가 달라진다. 즉, 물체의 위치는 시간의 함수이므로

$$\vec{r} = \vec{r}(t) = x(t)\hat{i} + y(t)\hat{j} + z(t)\hat{k} \tag{2-1-1}$$

로 표현할 수 있다. 이때 물체의 속도 역시 벡터이다. 이것을 $\vec{v}$라고 쓰면, 속도는 위치를 시간에 대해 미분한 값이므로

$$\vec{v} = \frac{d\vec{r}}{dt} = \frac{dx}{dt}\hat{i} + \frac{dy}{dt}\hat{j} + \frac{dz}{dt}\hat{k}$$

이다. 속도벡터는 다음과 같이 나타낼 수 있다.

$$\vec{v} = v_x\hat{i} + v_y\hat{j} + v_z\hat{k} \tag{2-1-2}$$

즉,

$$v_x = \frac{dx}{dt}$$

$$v_y = \frac{dy}{dt}$$

$$v_z = \frac{dz}{dt}$$

이다. 마찬가지로 가속도도 벡터가 된다. 가속도를 $\vec{a}$라고 쓰면, 가속도는 속도를 시간에 대해 미분한 것이므로

$$\vec{a} = \frac{d\vec{v}}{dt} = \frac{dv_x}{dt}\hat{i} + \frac{dv_y}{dt}\hat{j} + \frac{dv_z}{dt}\hat{k} \tag{2-1-3}$$

이다.

$$\vec{a} = a_x\hat{i} + a_y\hat{j} + a_z\hat{k}$$

로 놓으면

$$a_x = \frac{dv_x}{dt} = \frac{d^2x}{dt^2}$$

$$a_y = \frac{dv_y}{dt} = \frac{d^2y}{dt^2}$$

$$a_z = \frac{dv_z}{dt} = \frac{d^2z}{dt^2}$$

임을 알 수 있다. 물체의 질량을 μ라고 할 때, 물체에 작용한 힘[1]이

$$\vec{F} = F_x\hat{i} + F_y\hat{j} + F_z\hat{k} \quad (2\text{-}1\text{-}4)$$

이면 3차원에서 운동하는 물체에 대한 뉴턴의 운동방정식은

$$\mu\vec{a} = \vec{F} \quad (2\text{-}1\text{-}5)$$

또는

$$\mu\frac{d\vec{v}}{dt} = \vec{F} \quad (2\text{-}1\text{-}6)$$

이다. 이것을 각 방향 성분으로 쓰면 다음과 같다.

$$\mu a_x = \mu\frac{dv_x}{dt} = F_x$$

1) 여러 개의 힘이 물체에 작용하는 경우에는 여러 개의 힘 벡터가 더해진다.

$$\mu a_y = \mu \frac{dv_y}{dt} = F_y$$

$$\mu a_z = \mu \frac{dv_z}{dt} = F_z$$

물리군 1차원 역학과 거의 비슷하네요.

정교수 그렇지. 3차원 역학 문제는 x, y, z 세 방향에 대한 1차원 역학 문제로 이루어져 있어. 이제 3차원 역학에서 일을 정의해야 해.

우선 3차원 공간에서 다음과 같은 두 벡터를 생각하자.

$$\vec{A} = A_x \hat{i} + A_y \hat{j} + A_z \hat{k}$$

$$\vec{B} = B_x \hat{i} + B_y \hat{j} + B_z \hat{k}$$

이때 두 벡터의 내적은

$$\vec{A} \cdot \vec{B} = A_x B_x + A_y B_y + A_z B_z$$

로 정의한다. 3차원에서 힘 $\vec{F}$에 의해 물체가 A에서 B로 움직였을 때 이 힘이 한 일은 다음과 같이 정의한다.

$$W = \int_A^B \vec{F} \cdot d\vec{r} \tag{2-1-7}$$

여기서 $d\vec{r}$는 미소 변위 벡터라고 하는데, 물체가 이동한 경로에서

아주 짧은 부분의 변위 벡터로

$$d\vec{r} = dx\hat{i} + dy\hat{j} + dz\hat{k} \tag{2-1-8}$$

이다.

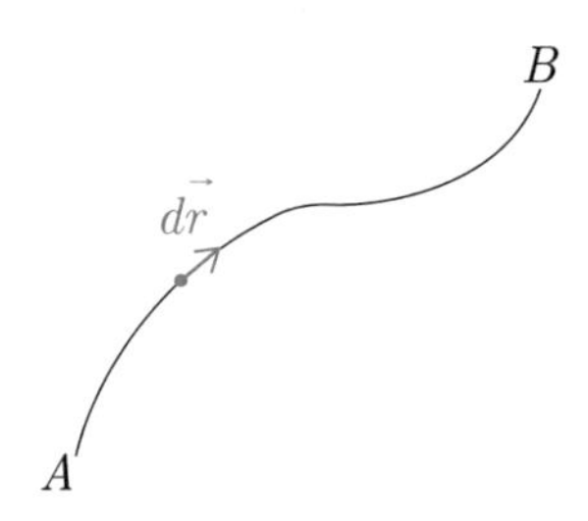

그러니까 일은

$$W = \int_A^B (F_x dx + F_y dy + F_z dz)$$

$$= \int_A^B \left(\mu \frac{dv_x}{dt}\frac{dx}{dt} + \mu \frac{dv_y}{dt}\frac{dy}{dt} + \mu \frac{dv_z}{dt}\frac{dz}{dt}\right)dt$$

$$= \int_A^B \left(\mu \frac{dv_x}{dt} v_x + \mu \frac{dv_y}{dt} v_y + \mu \frac{dv_z}{dt} v_z\right)dt$$

$$= \int_A^B \left[\mu \frac{d}{dt}\left(\frac{1}{2}v_x^2\right) + \mu \frac{d}{dt}\left(\frac{1}{2}v_y^2\right) + \mu \frac{d}{dt}\left(\frac{1}{2}v_z^2\right)\right]dt$$

$$= \int_A^B \frac{d}{dt}\left(\frac{1}{2}\mu (v_x^2 + v_y^2 + v_z^2)\right)dt$$

가 된다. 이때 운동 에너지를

$$T=\frac{1}{2}\mu\left(v_x^2+v_y^2+v_z^2\right) \quad (2\text{-}1\text{-}9)$$

으로 정의하면 일은

$$W=\int_A^B \frac{dT}{dt}dt=T_B-T_A$$

이다. 그러므로 힘이 한 일은 운동 에너지의 차이임을 알 수 있다.

물리군 에너지에는 운동 에너지와 위치 에너지가 있다고 배웠어요. 3차원에서 위치 에너지는 어떻게 정의하나요?

정교수 위치 에너지라는 말은 그리 좋은 번역이 아니야. 앞으로 우리는 위치 에너지 대신 퍼텐셜 에너지라는 용어를 쓸 걸세. 그럼 자세히 살펴보겠네.

3차원 운동에서 퍼텐셜 에너지는

$$W=\int_A^B\left(F_xdx+F_ydy+F_zdz\right)=-\int_A^B dV(x,y,z) \quad (2\text{-}1\text{-}10)$$

로 정의한다. 여기서

$$dV=\frac{\partial V}{\partial x}dx+\frac{\partial V}{\partial y}dy+\frac{\partial V}{\partial z}dz \quad (2\text{-}1\text{-}11)$$

이다. 벡터미분연산자를

$$\vec{\nabla} = \hat{i}\frac{\partial}{\partial x} + \hat{j}\frac{\partial}{\partial y} + \hat{k}\frac{\partial}{\partial z} \tag{2-1-12}$$

라고 정의하면

$$dV = d\vec{r} \cdot \vec{\nabla} V \tag{2-1-13}$$

가 되어,

$$W = \int_A^B \vec{F} \cdot d\vec{r} = \int_A^B (-\vec{\nabla} V) \cdot d\vec{r}$$

이다. 그러므로 힘과 퍼텐셜 에너지의 관계는

$$\vec{F} = -\vec{\nabla} V \tag{2-1-14}$$

를 만족한다. 이것을 각 성분으로 나타내면

$$F_x = -\frac{\partial V}{\partial x}$$

$$F_y = -\frac{\partial V}{\partial y}$$

$$F_z = -\frac{\partial V}{\partial z}$$

이다. 따라서

$$W = -(V_B - V_A)$$

가 된다. 어떤 힘에 대해 식 (2-1-14)처럼 정의하는 퍼텐셜 에너지가 존재하면

$$W = T_B - T_A = -(V_B - V_A)$$

가 성립한다. 즉,

$$T_B + V_B = T_A + V_A$$

이다. 이것은 $T + V$가 두 지점 A, B에서 같음을 의미한다. 그런데 우리는 두 지점 A, B를 임의로 선택할 수 있으므로 물체가 힘을 받아 움직이는 동안 경로 위의 모든 점에서 $T + V$가 일정하다는 것을 뜻한다.

물리군 $T + V$가 시간이 지나도 변하지 않는군요.

정교수 맞아. 이렇게 시간에 따라 변하지 않는 양을 보존량이라고 하네. 그러니까 퍼텐셜 에너지가 존재하면 $T + V$가 보존량이 되는데 이것을 역학적 에너지라 부르고

$$E = T + V \tag{2-1-15}$$

로 쓰지. 즉, 어떤 힘에 대해 식 (2-1-14)를 만족하는 V가 존재할 때 역학적 에너지가 보존되는 거야. 이렇게 역학적 에너지를 보존하는 힘을 보존력이라고 하지. 모든 힘이 보존력이 되진 않아. 공기저항이

나 마찰력은 보존력이 아니거든.

물리군 보존력의 예를 하나 들어 주세요.

정교수 중력을 한번 생각해 볼까? 다음 그림을 보게.

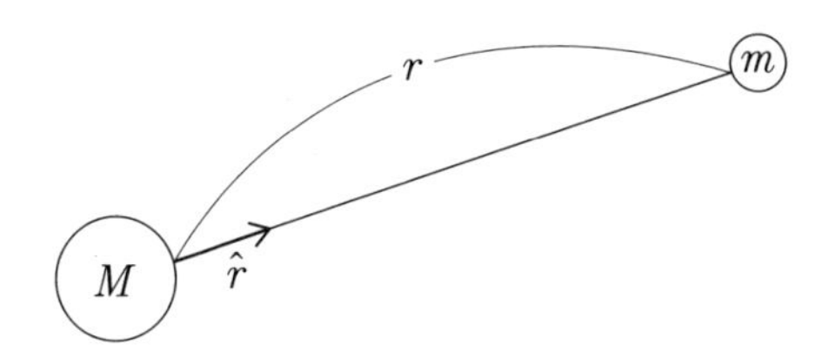

질량이 M인 물체가 질량이 m인 물체에 작용하는 중력은

$$\vec{F} = -G\frac{Mm}{r^2}\hat{r} \qquad (2\text{-}1\text{-}16)$$

라고 할 수 있지. 여기서

$$\hat{r} = \frac{\vec{r}}{r}$$

이므로

$$\vec{F} = -G\frac{Mm}{r^3}\vec{r}$$

가 되지. 이것을 다음과 같이 쓸 수 있어.

$$F_x = -G\frac{Mm}{r^3}x$$

$$F_y = -G\frac{Mm}{r^3}y$$

$$F_z = -G\frac{Mm}{r^3}z$$

그러므로 퍼텐셜 에너지는

$$-\frac{\partial V}{\partial x} = -G\frac{Mm}{r^3}x$$

$$-\frac{\partial V}{\partial y} = -G\frac{Mm}{r^3}y$$

$$-\frac{\partial V}{\partial z} = -G\frac{Mm}{r^3}z$$

로 정의되네. 우선 $\frac{1}{r}$을 x에 대해 편미분해 볼까?

물리군　$r = \sqrt{x^2 + y^2 + z^2}$ 이니까

$$\frac{\partial}{\partial x}\left(\frac{1}{r}\right) = -\frac{1}{r^2} \cdot \frac{\partial r}{\partial x}$$

이고,

$$\frac{\partial r}{\partial x} = \frac{x}{\sqrt{x^2 + y^2 + z^2}} = \frac{x}{r}$$

이므로

$$\frac{\partial}{\partial x}\left(\frac{1}{r}\right)=-\frac{x}{r^3}$$

가 돼요. 마찬가지로 y, z에 대해 편미분하면

$$\frac{\partial}{\partial y}\left(\frac{1}{r}\right)=-\frac{y}{r^3}$$

$$\frac{\partial}{\partial z}\left(\frac{1}{r}\right)=-\frac{z}{r^3}$$

이고요.

정교수　따라서 중력에 대한 퍼텐셜 에너지는 존재하고 다음과 같아.

$$V=-\frac{GMm}{r} \tag{2-1-17}$$

물리군　중력은 보존력이군요.

정교수　그렇다네. 그러니까 보존력에 대해 뉴턴 방정식은 다음과 같이 쓸 수 있어.

$$\mu\frac{dv_x}{dt}=-\frac{\partial V}{\partial x}$$

$$\mu\frac{dv_y}{dt}=-\frac{\partial V}{\partial y}$$

$$\mu\frac{dv_z}{dt}=-\frac{\partial V}{\partial z} \tag{2-1-18}$$

식 (2-1-18)의 첫 번째 식을 바꿔 쓰면 다음과 같지.

$$\frac{d}{dt}\left[\frac{\partial}{\partial v_x}\left(\frac{1}{2}\mu v_x^2\right)\right]=-\frac{\partial V}{\partial x} \qquad (2\text{–}1\text{–}19)$$

편미분의 정의에 의해 이 식은 다음과 같이 정리된다네.

$$\frac{d}{dt}\left[\frac{\partial}{\partial v_x}\left(\frac{1}{2}\mu(v_x^2+v_y^2+v_z^2)-V(x,y,z)\right)\right]$$

$$=\frac{\partial}{\partial x}\left(\frac{1}{2}\mu(v_x^2+v_y^2+v_z^2)-V(x,y,z)\right) \qquad (2\text{–}1\text{–}20)$$

여기서

$$L=\frac{1}{2}\mu(v_x^2+v_y^2+v_z^2)-V(x,y,z)$$

를 라그랑지안이라고 하네. 그러니까 식 (2–1–19)는

$$\frac{d}{dt}\left(\frac{\partial L}{\partial v_x}\right)=\frac{\partial L}{\partial x} \qquad (2\text{–}1\text{–}21)$$

라고 쓸 수 있어. 같은 방법으로 식 (2–1–18)의 두 번째, 세 번째 식은

$$\frac{d}{dt}\left(\frac{\partial L}{\partial v_y}\right)=\frac{\partial L}{\partial y} \qquad (2\text{–}1\text{–}22)$$

$$\frac{d}{dt}\left(\frac{\partial L}{\partial v_z}\right)=\frac{\partial L}{\partial z} \qquad (2\text{–}1\text{–}23)$$

가 되지. 이때

$$\frac{\partial L}{\partial v_x} = p_x = \mu v_x \tag{2-1-24}$$

를 운동량의 x성분이라고 하네. 마찬가지로 운동량의 y성분과 z성분은

$$\frac{\partial L}{\partial v_y} = p_y = \mu v_y \tag{2-1-25}$$

$$\frac{\partial L}{\partial v_z} = p_z = \mu v_z \tag{2-1-26}$$

이지.

물리군 라그랑지안과 역학적 에너지 사이의 관계는 뭐죠?

정교수 물리학자 해밀턴이 그 관계를 알아냈어. 해밀턴은 역학적 에너지를 해밀토니안이라 하고 H로 썼는데

$$H = v_x p_x + v_y p_y + v_z p_z - L \tag{2-1-27}$$

이라고 정의하지. 해밀토니안에는 속도 대신 운동량을 사용해야 해. 그러니까 3차원 역학의 해밀토니안은

$$H = \frac{1}{2\mu}(p_x^2 + p_y^2 + p_z^2) + V(x, y, z) \tag{2-1-28}$$

로 쓴다네.

물리군 그렇군요.

라플라스 _ 나폴레옹 시대의 위대한 수학자

정교수 이번에는 프랑스 나폴레옹 시대의 위대한 수학자 라플라스의 이야기를 하겠네.

라플라스(Pierre-Simon Laplace, 1749~1827)

라플라스는 1749년 노르망디 보몽앙오주에서 태어났다. 그의 아버지는 지방 교회의 관리인이었다. 라플라스는 삼촌이 교사로 있는 베네딕트 수도회 학교에 다녔다.

1765년 16세의 나이로 라플라스는 보몽앙오주 오를레앙 공작 학교를 졸업했고, 캉 대학교에 들어갔다. 그는 아버지의 뜻대로 신학을 공부하려고 입학했지만 수학으로 관심을 돌렸다. 당시 캉은 노르망디에서 학문적으로 제일 활발한 지역이었다. 라플라스는 여기서 교육받았고, 교수가 된 것이다. 이곳에서 그는 첫 논문을 토리노 왕립학회의 《논문집(Mélanges)》에 출판했다.

1769년 19세의 라플라스는 수학을 배우기 위해 파리로 가서 수학자 달랑베르를 만났다. 달랑베르는 라플라스를 매우 귀찮아해서 두꺼운 수학책을 던져주고는 이걸 다 읽으면 만나자고 했다. 며칠이 안 되어 라플라스가 찾아오자 달랑베르는 화를 냈다. 단 며칠 만에 그 책을 읽었을 리 없다고 생각한 것이다. 하지만 책 내용을 질문하자 라플라스는 거침없이 대답했고, 결국 달랑베르에게 인정받았다.

달랑베르(Jean Le Rond d'Alembert, 1717~1783)

라플라스는 달랑베르의 소개를 받아 1771년부터 파리 군관학교에서 교편을 잡았다. 1799년 11월 9일에 나폴레옹 보나파르트는 브뤼메르 18일 쿠데타로 권력을 잡았고, 곧 11월 12일에 라플라스를 내무부 장관으로 임명했다. 그러나 같은 해 12월 25일에 그를 해고했다. 나폴레옹은 자서전에서 이에 대해 다음과 같이 적었다.

라플라스는 수학자로는 일류이지만 관리 능력은 평균 이하이다.

첫 사무에서 실수를 한 라플라스는 어떤 비판도 받아들이지 않았다. 그는 모든 곳에서 사소한 트집을 잡았고 그의 아이디어는 결함투성이였다.

나폴레옹(Napoléon Bonaparte, 1769~1821)

비록 내무부 장관에서 해고됐지만, 나폴레옹과 라플라스는 서로 친밀한 관계를 유지했다. 나폴레옹은 1799년 12월 24일에 그를 상원의원에 추대했으며, 1806년에는 백작 작위를 수여했다. 라플라스는 자신의 저서 《천체역학》을 나폴레옹에게 헌정하였다.

수학에서 라플라스가 남긴 위대한 업적은 크게 두 가지로, 하나는 라플라스 변환이고 다른 하나는 라플라스 방정식이다.

라플라스는 뉴턴의 중력이론을 열심히 공부했다. 그는 1783년부터 천체역학에 관한 논문을 여러 편 발표했다. 이 논문들에서 행성의

타원궤도가 달라질 수 있다는 것을 밝혀냈다. 또한 지구 주위를 도는 달의 가속도, 행성의 운동에 다른 천체들이 미치는 영향에 대해 계산했고, 혜성의 궤도도 연구했다.

그리고 뉴턴의 중력이론을 이용해 《천체역학》 책을 쓰는 과정에서 중력에 대한 퍼텐셜 에너지 $V=-G\frac{Mm}{r}$이 다음 방정식의 해가 됨을 알아냈다.

$$\frac{\partial^2 V}{\partial x^2}+\frac{\partial^2 V}{\partial y^2}+\frac{\partial^2 V}{\partial z^2}=0 \quad (2\text{-}2\text{-}1)$$

이것을 라플라스 방정식이라고 부른다.

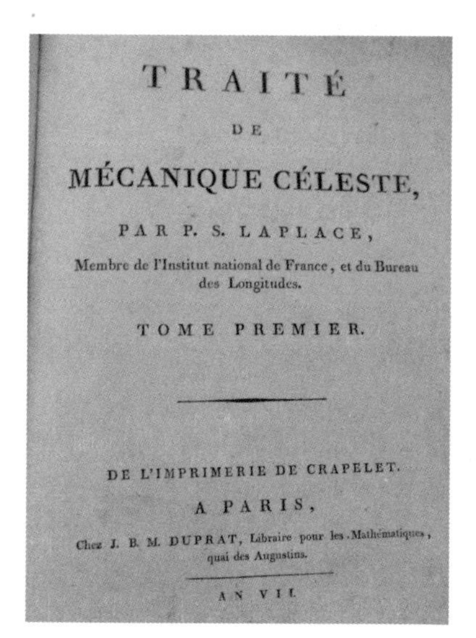
TRAITÉ
DE
MÉCANIQUE CÉLESTE,
PAR P. S. LAPLACE,
Membre de l'Institut national de France, et du Bureau des Longitudes.
TOME PREMIER.

DE L'IMPRIMERIE DE CRAPELET.
A PARIS,
Chez J. B. M. DUPRAT, Libraire pour les Mathématiques, quai des Augustins.
AN VII.

《천체역학》

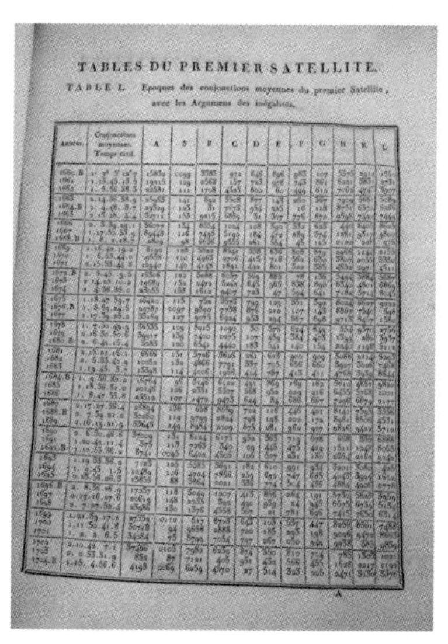
TABLES DU PREMIER SATELLITE.
TABLE I. Époques des conjonctions moyennes du premier Satellite, avec les Argumens des inégalités.

라플라스의 영향을 받은 들랑브르의 천문표

라플라스의《천체역학》은 행성의 궤적에 관한 관측 데이터를 토대로 미분방정식을 가지고 저술한 최초의 천체물리학 교과서이다. 그는 이 책에서 확률분포를 이용한 미래의 천문학 모형도 만들었다.

세 번째 만남

●

제이만 효과

양자론의 탄생 _ 불연속적인 에너지를 갖는 기묘한 입자

정교수 1900년대 초에 '양자'라는 혁명적인 아이디어가 등장했네. 1900년 독일의 플랑크는 빛이 불연속적인 에너지를 갖는 입자라는 것을 발견했어. 이런 기묘한 성질의 입자를 양자(quantum)라고 불렀네. 빛을 이루는 양자를 광자(photon)라고 하지.

물리군 양자는 뉴턴의 물리학으로 설명할 수 없나요?

정교수 그렇다네. 뉴턴의 물리학에서 입자는 연속적인 에너지를 갖기 때문에 불연속적인 에너지를 가지는 양자를 묘사할 수 없어.

플랑크는 뜨거운 물체에서 나오는 복사선을 연구하던 중 진동수가 ν인 광자가 가질 수 있는 에너지는

$$h\nu,\ 2h\nu,\ 3h\nu,\ \cdots$$

처럼 불연속적이라는 것을 알아냈다. 여기서 h는 플랑크 상수이고 '하'로 읽는데[2]

$$h = 6.62607015 \times 10^{-27} (\mathrm{erg} \cdot \mathrm{s})$$

이다.[3] 물리학자들은 진동수 ν 대신 각진동수 w를 사용하는 것을 더

2) h는 독일어로 '하'라고 읽는다.

3) 플랑크의 논문에서는 $h = 6.55 \times 10^{-27}$(erg · s)로 기술되었지만 당시에는 측정이 정확하지 않았다.

좋아한다. 이때 각진동수는

$$w = 2\pi\nu$$

로 정의한다. 그러니까 광자 하나의 에너지는

$$E = \frac{h}{2\pi}w$$

가 된다. 물리학자들은

$$\frac{h}{2\pi} = \hbar$$

로 쓰고 $\hbar$를 '하 바'라고 읽는다. 즉, 광자 하나의 에너지는

$$E = \hbar w$$

이다. 광자의 에너지를 파장과 광속으로 표현할 수도 있다. 빛의 파장을 λ, 광속을 c라고 하면

$$\lambda = \frac{c}{\nu}$$

이다.

물리군 다른 종류의 양자도 있나요?

정교수 물론이야. 1913년 덴마크의 보어는 전자가 양자라는 것을 밝혔어.

물리군 전자도 불연속적인 에너지를 갖는군요.

정교수 맞아. 보어는 수소 원자 속의 전자가 가질 수 있는 에너지가 불연속적이라는 것을 깨달았네. 수소 원자는 양성자 한 개로 이루어진 원자핵 주위에 전자 한 개가 있는 모습이지. 보어는 전자가 가질 수 있는 에너지는

$$E_n = -(13.6\,\mathrm{eV})\frac{1}{n^2} \quad (n = 1, 2, 3, 4, \cdots) \tag{3-1-1}$$

만 허용된다는 것을 알아냈어. 여기서 eV는 전자볼트라고 부르는 에너지의 단위인데 줄(J)로 바꾸면

$$1\,\mathrm{eV} = 1.602176634 \times 10^{-19}\,\mathrm{J}$$

이 된다네. 즉,

$$E_1 = -13.6\ \mathrm{eV}$$
$$E_2 = -3.4\ \mathrm{eV}$$
$$E_3 = -1.51\ \mathrm{eV}$$

처럼 계산하지. 이렇게 전자가 가질 수 있는 에너지를 에너지 레벨(energy level)이라고 불러.

물리군 가장 레벨이 낮은 경우는 $n = 1$인가요?

정교수 그렇지. 전자의 에너지가 제일 작을 때야. 전자가 이 에너지 레벨에 있을 때 '전자는 바닥상태에 있다' 또는 '전자는 $n = 1$인 상태

에 있다'라고 말해. 전자가 있을 수 있는 상태는 무한히 많아. $n = 1$인 상태, $n = 2$인 상태, $n = 3$인 상태, … 이런 식으로 말이야.

물리군 수소 원자 속의 전자가 가질 수 있는 상태가 무한히 많다는 거군요.

정교수 맞아. 전자가 각각의 상태에 있을 때의 에너지는 자연수 n에 따라 달라지는데, 이 자연수를 물리학자들은 양자수라고 해.

물리군 수소 원자 속의 전자는 양자수 n을 가지는군요.

정교수 그렇다네.

물리군 수소 원자 속의 전자가 다른 상태로 이동할 수는 없나요?

정교수 빛을 흡수하거나 방출하면서 전자가 다른 상태로 갈 수 있는데, 이것을 양자 도약이라고 부르지. 예를 들어 설명해 보겠네.

다음과 같이 비유하겠다. A라는 사람이 통장을 가지고 있으며 잔액이 1원이라고 하자. 은행이 통장 잔액에 따라 사람들을 분류한다고 할 때, A는 잔액이 1원인 상태에 있는 것이다. 물론 '원'이 화폐의 최소 단위이므로 바닥상태는 잔액이 0원인 상태이다.

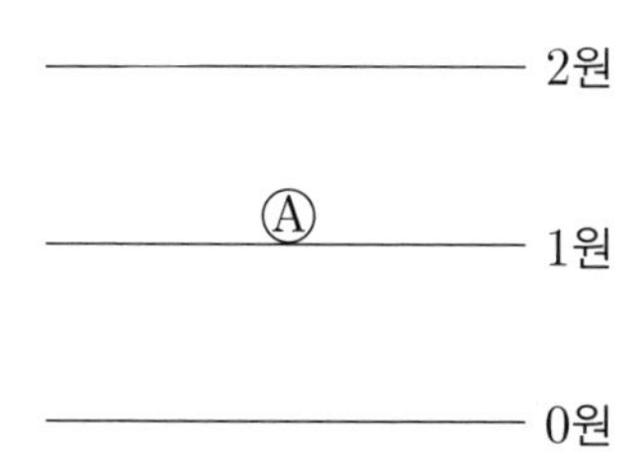

A가 통장에서 1원을 찾으면 잔액은 0원으로 줄어든다. 그리고 찾은 돈 1원은 어딘가에 지출된다.

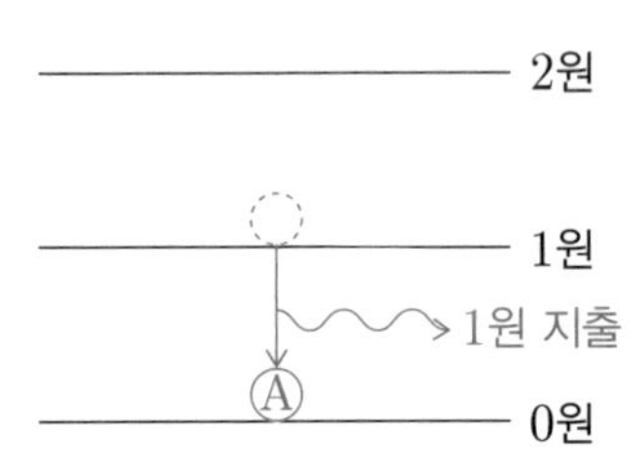

즉, A의 상태는 잔액 1원인 상태에서 잔액 0원인 상태로 바뀐다. 반대로 A가 1원을 더 벌어 와서 은행에 맡기면 잔액은 2원이 되어, A는 잔액 2원인 상태에 있게 된다.

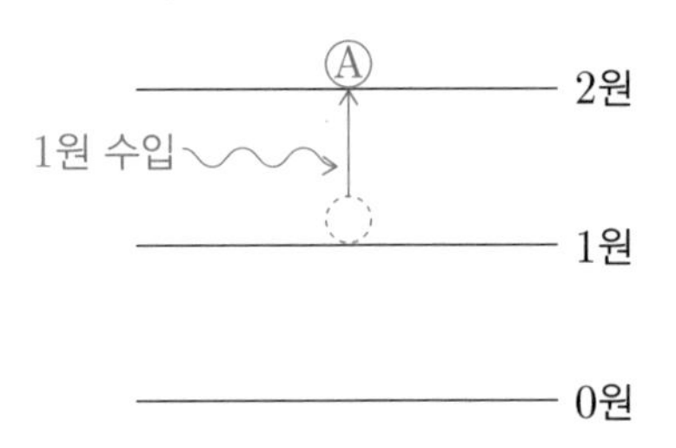

각각의 상태에 있는 전자는 에너지를 얻어서 n의 값이 큰 상태로 이동하거나, 반대로 에너지를 잃어서 n의 값이 작은 상태로 이동할 수 있다. 전자는 양자이므로 이러한 이동을 양자 도약이라고 부른다.

무엇이 양자 도약을 일으키는가? 그것은 바로 빛이다. 즉, 전자는 광자를 흡수해 n의 값이 큰 상태로 양자 도약하거나 광자를 방출하면서 n의 값이 작은 상태로 양자 도약한다. 이때 흡수하거나 방출하는 광자의 에너지는 두 상태의 에너지 차이와 같아야 한다.

예를 들어 양자수가 $m, n(m > n)$인 두 상태를 생각하자. 양자수가 m인 상태의 전자는 광자를 방출해 양자수가 n인 상태로 양자 도약할 수 있다. 이때 방출되는 광자의 진동수를 $\nu_{m \to n}$이라고 하면

$$h\nu_{m \to n} = E_m - E_n$$

이다.

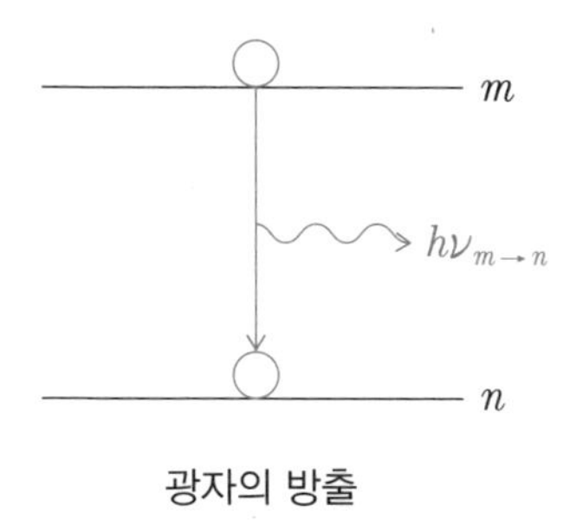

광자의 방출

반대로 광자를 흡수하는 경우를 보자. 양자수가 n인 상태의 전자는 광자를 흡수해 양자수가 m인 상태로 양자 도약할 수 있다. 이때 흡수되는 광자의 진동수를 $\nu_{n \to m}$이라고 하면

$$h\nu_{n \to m} = E_m - E_n$$

이다.

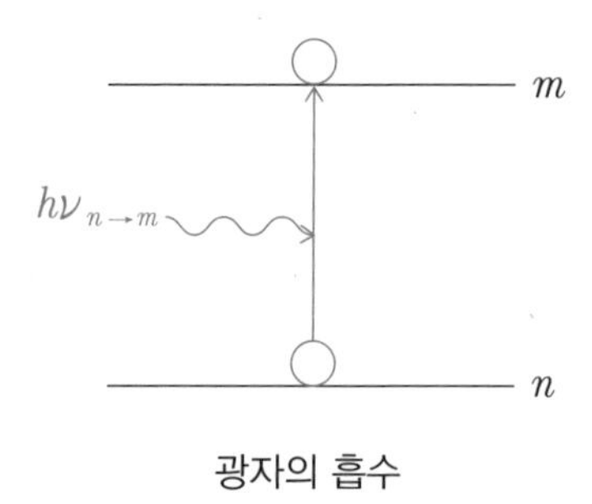

광자의 흡수

수소 원자에서 방출되는 광자의 파장은 다음 그림과 같다.

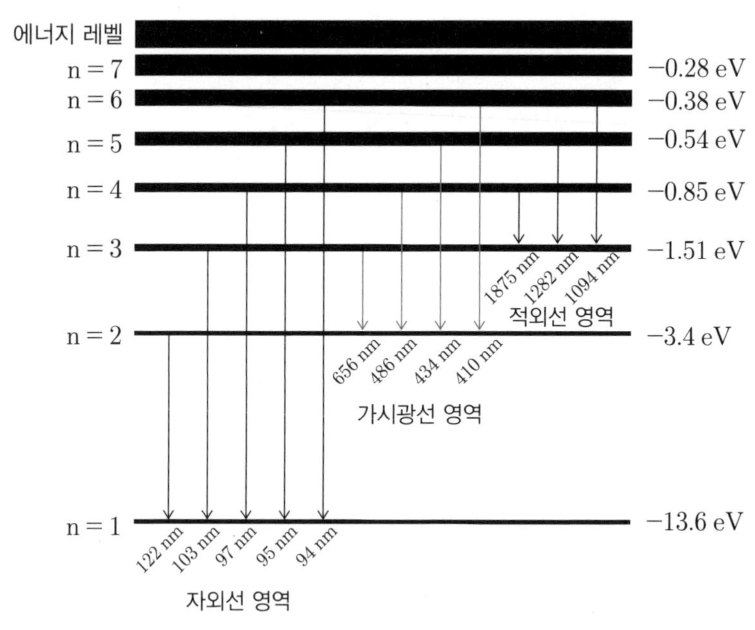

〈수소 원자 에너지 준위〉

이렇게 수소에서는 특별한 파장의 광자만 방출된다. 수소에서 나오는 빛의 스펙트럼을 조사하면 특별한 파장을 가진 광자들이 만든 선스펙트럼이 발생함을 알 수 있다.

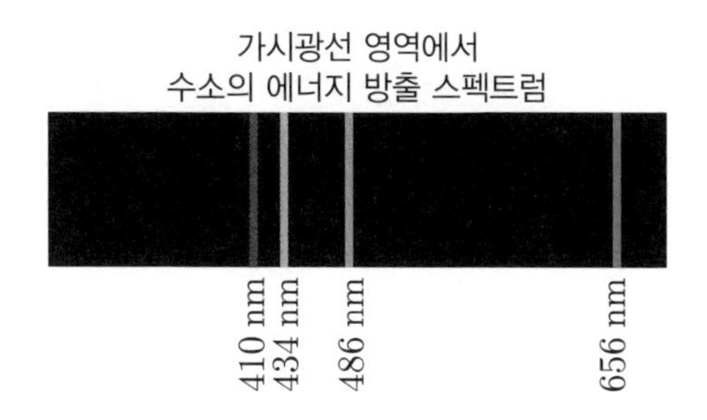

이러한 선스펙트럼은 1885년 스위스의 물리학자 발머가 처음 발견했다.

제이만 효과의 발견 _ 수소의 새로운 선스펙트럼

정교수 보어는 수소에서 나오는 선스펙트럼에 관한 발머 공식을 설명하는 과정에서 수소 원자 속의 전자가 가질 수 있는 에너지가 불연속이라는 것을 알아냈지. 하지만 보어의 수소 원자모형은 정확한 것이 아니야. 양자역학이 만들어지고 나서야 확실한 모형이 완성되네.

물리군 어떤 면에서 정확하지 않다는 건가요?

정교수 보어의 원자모형에서 전자가 있을 수 있는 궤도는 정수 n으로 기술돼. 그러니까 양자수가 한 개만 나타나지. 그런데 발머의 실험 이후에 새로운 사실들을 찾게 되었어.

물리군 어떤 내용이죠?

정교수 수소 원자에 자기장이나 전기장을 걸어주면 새로운 선스펙트럼이 나오는 것을 발견했지. 이를 처음 알아낸 사람이 제이만이야. 그의 연구를 소개하겠네.

제이만(Pieter Zeeman, 1865~1943, 1902년 노벨 물리학상 수상)

제이만은 네덜란드 스하우언다위벨란트섬의 작은 마을인 조네마이러에서 태어났다. 그의 아버지는 개혁 교회의 목사였다.

1883년 네덜란드에서 우연히 오로라가 관측되었다. 어릴 때부터 물리학에 관심을 가졌던 제이만은 당시 고등학생이었는데, 오로라 현상에 대한 논문을 써서 《네이처(Nature)》에 게재했다.

오로라 현상

1885년부터 제이만은 네덜란드의 명문 레이던 대학에서 물리학을 공부했다. 그는 오너스(Heike Kamerlingh Onnes, 1853~1926, 1913년 노벨 물리학상 수상)와 로런츠(Hendrik Lorentz, 1853~1928, 1902년 노벨 물리학상 수상)에게 가르침을 받았다.

1893년에 제이만은 자화된 표면에서 편광된 빛의 반사를 연구해 박사 학위를 받았다. 1895년 그는 스트라스부르에서 돌아와 레이던 대학에서 시간강사로 수학과 물리학을 강의했다. 1896년 제이만 효과를 발견한 그는 1900년에 암스테르담 대학의 물리학 교수가 되었다. 1918년에는 중력 및 관성 질량에 관한 등가 원리를 실험으로 확인하여 〈중력에 대한 일부 실험: 결정 및 방사성 물질의 질량 대 중량 비율〉을 발표했다.

물리군 제이만 효과가 뭐예요?

정교수 제이만은 강력한 자기장을 걸어주면 수소의 선스펙트럼이 더 많이 생긴다는 것을 알아냈어. 이렇게 자기장의 영향으로 수소의 선스펙트럼이 더 많아지는 현상을 제이만 효과라고 부르지. 이 연구로 제이만은 1902년 스승인 로런츠와 함께 노벨 물리학상을 받았다네.

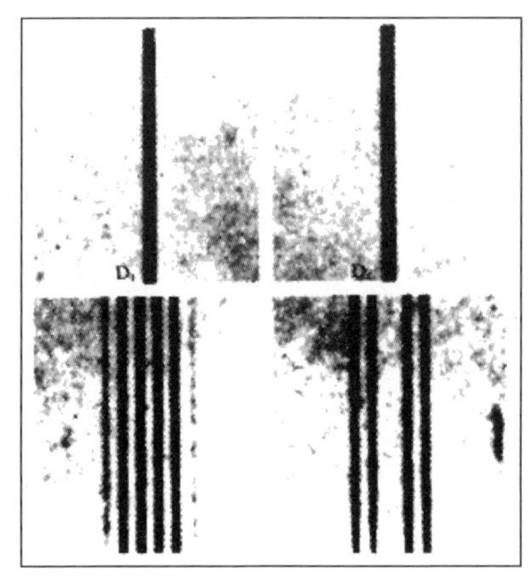

제이만 효과
(위: 자기장을 걸기 전, 아래: 자기장을 건 후)

1923년 암스테르담 대학에 새로 지어진 실험실에서 제이만은 제이만 효과에 대한 보다 정교한 실험을 수행했다. 이 실험실은 1940년에 제이만 실험실로 이름이 바뀌었다.

물리군 고등학교 때부터 논문을 쓰더니 제이만은 결국 노벨 물리학상을 받았군요!

정교수 세계적인 학술지에 고등학생의 논문이 실리는 건 대단한 일

암스테르담 대학 실험실에서. 왼쪽부터 제이만, 아인슈타인, 에렌페스트

이야. 제이만 효과 논문이 나오고 1년 뒤에 제이만과 동일한 실험을 한 물리학자가 있어. 바로 아일랜드의 프레스턴(Thomas Preston, 1860~1900)이라네.

프레스턴은 아일랜드 왕립 대학과 아일랜드 더블린 트리니티 칼리지에서 자연과학을 공부했다. 1881년에는 더블린 트리니티 칼리지 수학과를 졸업하고 로런츠-피츠제럴드 수축으로 유명한 피츠제럴드 교수로부터 물리학을 배웠다. 프레스턴은 1891년부터 1900년까지 더블린 대학의 자연철학 교수였고, 아일랜드 왕립 대학과 런던 왕립 학회의 연구원이자 유명한 분광학자였다.

1897년 그는 자기장을 수소 원자에 걸었을 때 제이만이 발견한 선스펙트럼보다 더 많은 선스펙트럼이 생기는 것을 확인했다. 이때부터 물리학자들은 제이만 효과를 정상 제이만 효과, 프레스턴이 찾아낸 것을 비정상 제이만 효과라고 부른다.

물리군 프레스턴도 노벨 물리학상을 받았나요?

정교수 그는 노벨상이 제정되기 전인 1900년에 사망했어. 그래서 노벨상 후보에 오를 수가 없었네. 만일 프레스턴이 살아 있었다면 1902년에 제이만과 함께 노벨 물리학상을 수상했을지도 모르지.

물리군 왜 자기장을 걸어주면 수소의 선스펙트럼이 더 많아지는 거죠?

정교수 제이만이나 프레스턴은 그 이유를 알지 못했어. 당시는 양자역학이 만들어지기 전이기 때문이야. 양자역학 개념이 확립되고 나서 이론물리학자들이 제이만 효과가 일어나는 이유를 잘 설명하게 되지. 자세한 이야기는 이 책을 좀 더 읽다 보면 알 수 있을 걸세.

물리군 그렇군요.

슈타르크 효과 _ 수소에 전기장을 걸어주면

물리군 수소에 자기장을 걸어주면 수소의 선스펙트럼 종류가 더 늘어나잖아요? 그럼 전기장을 걸어주면 어떻게 되나요?

정교수 그 문제를 독일의 물리학자 슈타르크가 연구했다네. 그의 일생과 연구를 살펴보도록 하세.

슈타르크(Johannes Stark, 1874~1957, 1919년 노벨 물리학상 수상)

슈타르크는 바이에른 왕국[4]의 시켄호프에서 태어나 바이로이트 김나지움에서 교육을 받았고, 뮌헨 대학에서 물리학, 수학, 화학 및 결정학을 공부했다. 그는 흑체의 광학적 특성을 연구해 1897년에 박사 학위를 받았다.

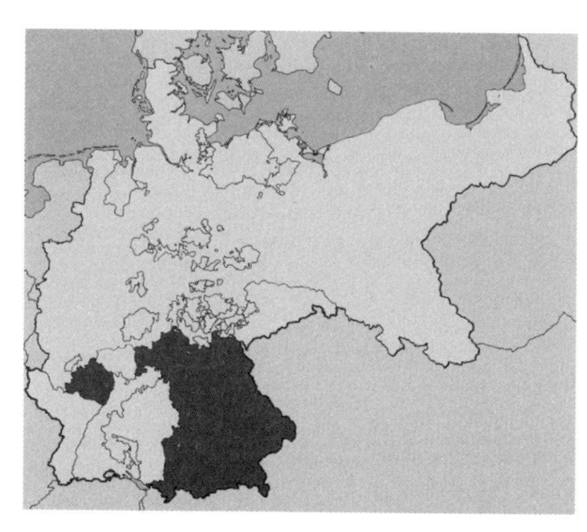
1914년의 바이에른 왕국
(출처: 52 Pickup/Wikimedia Commons)

4) 당시에는 독일이 통일 국가를 이루지 않은 상태였다. 바이에른 왕국은 독일 동남부 지방이며, 가장 큰 도시는 뮌헨이다.

1900년 괴팅겐 대학의 강사로 강의를 시작한 슈타르크는 1906년까지 하노버 대학의 교수를 지내다가 1908년에 아헨 대학의 교수가 되었다. 그는 1922년까지 그라이프스발트 대학을 포함해 여러 대학의 물리학과 교수로 근무했다.

슈타르크는 300여 편의 논문을 발표했는데 그중 가장 유명한 것은 슈타르크 효과에 관한 내용이다. 그는 이 논문으로 1919년 노벨 물리학상을 수상했다.

1924년부터 슈타르크는 레나르트와 함께 히틀러를 지지하면서, 유대인 물리학자인 아인슈타인과 하이젠베르크의 이론물리학을 국익에 도움이 되지 않는 연구로 여겼다. 또한 이론물리학은 유대인들이 하는 일이라고 비하하면서 국익을 위해서는 독일인들만이 물리학을 연구해야 한다고 주장하기도 했다. 1947년 제2차 세계대전에서 독일이 패한 후 슈타르크는 주요 범죄자로 분류되어 4년형을 선고받았다.

물리군 슈타르크는 이론물리학을 싫어했나 보네요.

정교수 그보다는 유대인을 싫어했겠지. 당시 유명한 이론물리학자들이 유대인이었으니까 말일세.

물리군 그런데 슈타르크 효과가 뭐죠?

정교수 아까 자네가 질문한 내용이라네. 슈타르크는 수소 원자에 전기장을 걸어주고 선스펙트럼을 조사했지. 제이만 효과처럼 이 경우에도 전기장을 걸기 전엔 나타나지 않던 선스펙트럼이 전기장을 걸었을 때 생겨났거든.

물리군 자기장을 걸어주든 전기장을 걸어주든 수소의 선스펙트럼이 변하는군요.

정교수 맞아.

새로운 양자수 등장 _ 제이만 효과의 이론적 설명

정교수 보어의 논문이 나온 후 이론물리학자들은 왜 제이만 효과가 일어나는지를 이론적으로 설명하려고 했어. 그 첫발을 내딛은 사람은 독일의 조머펠트야.

조머펠트(Arnold Johannes Wilhelm Sommerfeld, 1868~1951)

조머펠트는 1868년 쾨니히스베르크에서 태어나 의사인 아버지 밑에서 자랐다. 그는 쾨니히스베르크에 있는 알베르티나 대학에서 수학과 물리학을 공부했으며, 수학자 후르비츠(Adolf Hurwitz)와 힐베르트(David Hilbert)의 수업을 들었다. 그리고 1891년 22세의 나이로 박사 학위를 받았다.

1893년 10월부터 조머펠트는 괴팅겐 대학 광물학 연구소의 리비슈(Theodor Liebisch) 교수의 조수로 일했고, 1894년 9월에는 클라인(Felix Klein) 교수의 조수가 되었다. 1895년에는 괴팅겐 대학의 시간강사로 학생들에게 편미분방정식과 회전체를 강의했다. 그 후 13년 동안 클라인 교수와 함께 《팽이 이론》이라는 책을 집필했다. 이 책은 총 네 권으로 이루어져 있는데 두 권은 팽이 이론에 대한 내용이고, 나머지 두 권은 팽이 이론을 지구물리학, 천문학 및 기술 분야에 응용한 내용이다.

1897년 10월 조머펠트는 광산대학의 수학과 교수가 되었고, 1900년에는 아헨 대학의 응용역학 교수가 되었다. 1906년부터 그는 뮌헨 대학의 새로운 이론물리학 연구소 소장이자 물리학 교수로 자리를 잡았다. 뮌헨 대학에서 가르치는 32년 동안 그는 수많은 제자를 양성했다. 그의 제자 중 유명한 사람들로는 하이젠베르크, 파울리, 디바이, 베테, 란데, 브릴루앙 등이 있다.

물리군 조머펠트는 제이만 효과를 보어의 원자모형으로 설명했나요?

정교수 그렇지 않아. 그 이야기를 잠시 하도록 하지.

조머펠트는 제이만 효과나 슈타르크 효과는 보어의 원자모형으로 설명할 수 없다고 생각했다. 그는 두 효과에 추가된 선스펙트럼을 설명하기 위해서는 보어 모형의 양자수 n 이외에 두 개의 새로운 양자수가 필요하다는 것을 알아냈다. 그는 새로운 두 양자수를 l, m이라고 썼다. 조머펠트는 정수로 표현되는 세 개의 양자수에 다음과 같은 관계가 있음을 제이만 효과의 실험 데이터와 비교해 발견했다.

$$n = 1, 2, 3, \cdots$$

$$l = 0, 1, 2, \cdots, n-1$$

$$-l \leq m \leq l$$

조머펠트는 이 세 개의 양자수 중 m은 원자에 자기장을 걸어주었을 때 전자의 에너지를 다르게 만드는 역할을 한다고 생각했다. 이러한 양자수의 도입으로 조머펠트는 제이만 효과를 설명할 수 있었다.

예를 들어 $n = 1$인 궤도일 때, 허용되는 $l = 0$이므로 $m = 0$이 된다. 조머펠트는 이 경우를 전자의 에너지가 가장 낮은 상태로 바닥상태라고 불렀다. 이때 m은 하나의 값만을 가지므로 자기장이 있든 없든 전자의 에너지는 변함없다. 따라서 제이만 효과는 달라지지 않는다.

하지만 $n = 2$인 궤도를 보자. 이 경우 $l = 0$, 1이 가능하다. $l = 0$이면 $m = 0$만 가능하지만, $l = 1$이면 $m = -1$, 0, 1이 가능하다. 즉, 자기장을 걸어주면 서로 다른 m의 값에 따라 전자의 에너지가 달라질 수 있다. 그래서 이때 더 다양한 파장의 빛이 방출되며, 제이만 효과가 일어나는 것이다.

조머펠트가 논문을 발표한 당시에는 양자역학의 불확정성원리나 슈뢰딩거 방정식이 나오기 전이었다. 그렇기 때문에 그의 논문은 단순히 실험과의 비교를 통해 이루어진 결과이다. 이 문제를 해결하는 것은 양자역학이 만들어진 후의 일이다.

양자역학의 탄생 _ 양자를 묘사하는 물리학

정교수 1924년부터 1926년 사이에 드디어 양자를 묘사할 수 있는 물리학이 형성되네. 이것을 양자역학이라고 부르지. 이 시기 물리학자들은 전자를 양자로 묘사하는 일에 관심이 많았어. 지금부터 그 내용을 소개하겠네.

양자역학의 포문을 연 사람은 프랑스의 물리학자 드브로이이다. 1924년 그는 물질의 이중성을 주장했다. 이 이론은 모든 물질은 입자와 파동의 성질을 둘 다 가진다는 것이다. 이에 따르면 전자는 파동으로 묘사할 수 있는데 이때 전자의 파동함수를

$$\psi(x, y, z, t)$$

라고 쓴다. 여기서 t는 시간이고 x, y, z는 전자의 위치 좌표를 나타낸다.

1925년 하이젠베르크는 양자가 만족해야 하는 근본 원리인 불확정성원리를 발표했다. 고전역학에서는 고전적인 입자의 위치와 운동

량을 정확하게 측정할 수 있지만, 양자의 경우는 두 양을 동시에 정확하게 측정할 수 없다는 것이 불확정성원리이다.

하이젠베르크가 불확정성원리 논문을 쓴 헬골란트섬

하이젠베르크의 논문이 나오고 몇 달 뒤, 보른과 요르단은 양자역학에서는 위치나 운동량이 수가 아니라 파동함수에 작용하는 연산자가 되어야 함을 알아냈다.

그 후 물리학자들은 양자역학을 이용해 수소 원자 속의 전자의 운동을 다룰 수 있었다. 수소 원자는 원자핵과 전자 한 개로 이루어져 있다. 수소의 원자핵은 양성자이고 전자에 비해 너무 무겁다. 따라서 둘 사이에 같은 크기의 힘인 전기력이 작용하지만 원자핵은 거의 안 움직이고 전자만 움직인다고 생각하면 된다.

물리군 지구가 태양 주위를 돌 때 태양에 비해 지구가 너무 가벼워서 태양이 정지해 있다고 생각하는 것과 같은 이치죠?

정교수 맞아. 그 경우는 태양과 지구 사이에 중력이 작용하는 거지.

물리군 전자와 원자핵 사이에도 중력이 작용하잖아요?

정교수 그 힘은 전자와 원자핵 사이의 전기력에 비해 너무 작아서 무시할 거야. 수소 원자 속의 전자는 3차원 공간에서 움직이니까 이제 3차원에서의 불확정성원리와 슈뢰딩거 방정식을 알아야 하네.

고전역학에서 3차원의 위치는 (x, y, z)로, 물체의 운동량도 세 개의 성분 (p_x, p_y, p_z)에 의해 묘사된다. 하이젠베르크-보른-요르단은 고전역학에서의 위치와 운동량이 다음 관계를 만족하는 연산자로 기술된다는 것을 알아냈다.

$$\hat{x}\hat{p}_x - \hat{p}_x\hat{x} = i\hbar$$

$$\hat{y}\hat{p}_y - \hat{p}_y\hat{y} = i\hbar$$

$$\hat{z}\hat{p}_z - \hat{p}_z\hat{z} = i\hbar \tag{3-5-1}$$

이러한 연산자들을 3차원 공간에서 움직이는 전자의 파동함수

$$\psi(x, y, z, t)$$

에 작용하면 다음과 같이 나타낼 수 있다.

$$\hat{x} \longrightarrow x$$
$$\hat{y} \longrightarrow y$$
$$\hat{z} \longrightarrow z$$

$$\hat{p}_x \longrightarrow \frac{\hbar}{i}\frac{\partial}{\partial x}$$

$$\hat{p}_y \longrightarrow \frac{\hbar}{i}\frac{\partial}{\partial y}$$

$$\hat{p}_z \longrightarrow \frac{\hbar}{i}\frac{\partial}{\partial z}$$

그리고 해밀토니안 연산자 $\hat{H}$는

$$\hat{H} = \frac{1}{2\mu}[(\hat{p}_x)^2 + (\hat{p}_y)^2 + (\hat{p}_z)^2] + V(\hat{x}, \hat{y}, \hat{z})$$

가 된다. 그러므로 3차원에서의 시간 의존 슈뢰딩거 방정식은

$$i\hbar\frac{\partial}{\partial t}\psi(x, y, z, t) = \left[-\frac{\hbar^2}{2\mu}\left(\frac{\partial^2}{\partial x^2} + \frac{\partial^2}{\partial y^2} + \frac{\partial^2}{\partial z^2}\right) + V(x, y, z)\right]\psi(x, y, z, t)$$

또는

$$i\hbar\frac{\partial}{\partial t}\psi(x, y, z, t) = \left[-\frac{\hbar^2}{2\mu}\nabla^2 + V(x, y, z)\right]\psi(x, y, z, t) \qquad (3\text{–}5\text{–}2)$$

이다. 만일 $\psi(x, y, z, t)$가 시간에 의존하지 않으면 $\psi(x, y, z)$가 된다. 이때 해밀토니안 연산자를 파동함수에 작용하면 역학적 에너지 E가 나와야 하므로

$$\hat{H}\psi(x, y, z) = E\psi(x, y, z)$$

또는

$$\left[-\frac{\hbar^2}{2\mu}\left(\frac{\partial^2}{\partial x^2}+\frac{\partial^2}{\partial y^2}+\frac{\partial^2}{\partial z^2}\right)+V(x, y, z)\right]\psi(x, y, z) = E\psi(x, y, z)$$

또는

$$\left[-\frac{\hbar^2}{2\mu}\nabla^2 + V(x, y, z)\right]\psi(x, y, z) = E\psi(x, y, z) \quad (3\text{-}5\text{-}3)$$

가 된다. 이것을 3차원에서의 시간 비의존 슈뢰딩거 방정식이라고 한다.

보른의 확률 해석 _ 물리적인 연산자와 파동함수

물리군 ψ는 무엇을 나타내나요?

정교수 이것을 제대로 설명한 사람이 바로 독일의 보른이야. 그 내용을 알아보기로 하세.

식 (3-5-2)를 간단하게 다음과 같이 쓸 수 있다.

$$i\hbar\frac{\partial}{\partial t}\psi = \left[-\frac{\hbar^2}{2\mu}\nabla^2 + V(x, y, z)\right]\psi \quad (3\text{-}6\text{-}1)$$

위 식의 양변에 켤레복소수를 취하면

$$-i\hbar\frac{\partial}{\partial t}\psi^* = \left[-\frac{\hbar^2}{2\mu}\nabla^2 + V(x, y, z)\right]\psi^* \quad (3\text{-}6\text{-}2)$$

가 된다. 식 (3–6–1)의 왼쪽에 ψ^*를 곱하면

$$i\hbar\psi^*\frac{\partial}{\partial t}\psi=\psi^*\left[-\frac{\hbar^2}{2\mu}\nabla^2+V(x,y,z)\right]\psi \qquad (3\text{–}6\text{–}3)$$

이고, 식 (3–6–2)의 왼쪽에 ψ를 곱하면

$$-i\hbar\psi\frac{\partial}{\partial t}\psi^*=\psi\left[-\frac{\hbar^2}{2\mu}\nabla^2+V(x,y,z)\right]\psi^* \qquad (3\text{–}6\text{–}4)$$

이다. 식 (3–6–3)에서 식 (3–6–4)를 빼면

$$i\hbar\psi^*\frac{\partial}{\partial t}\psi+i\hbar\psi\frac{\partial}{\partial t}\psi^*=-\frac{\hbar^2}{2\mu}\psi^*\nabla^2\psi+\frac{\hbar^2}{2\mu}\psi\nabla^2\psi^*$$

또는

$$i\hbar\frac{\partial}{\partial t}(\psi^*\psi)=-\frac{\hbar^2}{2\mu}(\psi^*\nabla^2\psi-\psi\nabla^2\psi^*) \qquad (3\text{–}6\text{–}5)$$

가 된다. 한편

$$\vec{\nabla}\cdot(\psi^*\vec{\nabla}\psi)=\psi^*\vec{\nabla}\cdot\vec{\nabla}\psi+\vec{\nabla}\psi^*\cdot\vec{\nabla}\psi$$

$$=\psi^*\nabla^2\psi+\vec{\nabla}\psi^*\cdot\vec{\nabla}\psi$$

이므로

$$\psi^*\nabla^2\psi=\vec{\nabla}\cdot(\psi^*\vec{\nabla}\psi)-\vec{\nabla}\psi^*\cdot\vec{\nabla}\psi$$

로 쓸 수 있다. 마찬가지로

$$\psi\nabla^2\psi^* = \vec{\nabla}\cdot(\psi\vec{\nabla}\psi^*) - \vec{\nabla}\psi^*\cdot\vec{\nabla}\psi$$

이다. 따라서 식 (3-6-5)는

$$\frac{\partial}{\partial t}|\psi|^2 + \vec{\nabla}\cdot\left[\frac{\hbar}{2\mu i}(\psi^*\vec{\nabla}\psi - \psi\vec{\nabla}\psi^*)\right] = 0 \qquad (3\text{-}6\text{-}6)$$

이 된다. 전자를 묘사하는 파동함수는 일반적으로 복소수이지만 복소수의 크기는 실수이다. $|\psi|^2$은 복소수 ψ의 크기의 제곱, 곧 실수의 제곱이므로 음수가 되지 않는다. 즉,

$$|\psi|^2 \geq 0$$

이다.

물리군 $|\psi|^2$은 어떤 의미를 갖죠?

정교수 물리학자들은 그 문제를 두고 많이 고민했다네. 보른은 스위스의 수학자이자 물리학자인 오일러가 1757년에 발표한 유체역학의 연속방정식

$$\frac{\partial}{\partial t}\rho + \vec{\nabla}\cdot\vec{J} = 0 \qquad (3\text{-}6\text{-}7)$$

을 떠올렸어. 여기서 $\rho(x, t)$는 시각 t, 위치 x에서의 유체 입자 수 밀도이고 $J(x, t)$는 유체의 플럭스를 나타내지.

물리군 플럭스는 뭐예요?

정교수 어떤 단면을 지나가는 유체에 대하여 단위시간당 단위면적을 통과하는 유체 입자 수를 말해.

물리군 유체의 연속방정식과 양자역학이 무슨 관계가 있죠?

정교수 양자역학에서는 전자의 위치와 운동량을 동시에 정확하게 결정할 수 없고, 단지 전자가 존재할 확률만 알 수 있다네. 이 때문에 보른은 $|\psi|^2$을 어떤 위치, 어떤 시각에서 전자를 발견할 확률밀도 $\rho(x, y, z, t)$로 생각했어.

$$\rho(x, y, z, t) = |\psi|^2 \tag{3-6-8}$$

물리군 음수가 아니니까 그렇게 생각할 수 있겠네요.

정교수 맞아. 또한 전자의 확률 플럭스를

$$\vec{J} = \frac{\hbar}{2\mu i}(\psi^* \vec{\nabla}\psi - \psi\vec{\nabla}\psi^*) \tag{3-6-9}$$

라고 정의했네.

물리군 확률밀도가 시간에 따라 변하는데도 확률의 총합이 1인가요?

정교수 좋은 질문이야. 식 (3-6-7)을 전체 부피에 대해 적분해 볼까? 전체 부피는 반지름이 무한대인 구라고 하겠네.

이를 식으로 나타내면

$$\int \frac{\partial \rho}{\partial t} dv = -\int \vec{\nabla} \cdot \vec{J} dv \tag{3-6-10}$$

가 된다. 여기서 부피 요소는

$$dv = dxdydz \tag{3-6-11}$$

이다. 식 (3-6-10)의 좌변은

$$\frac{d}{dt}\int \rho dv$$

가 된다.

물리군 왜 갑자기 편미분이 미분으로 바뀌었죠?

정교수 $\int \rho dv$에서 ρ는 x, y, z, t에 대한 함수야. 그런데 부피에 대한 적분은 x, y, z에 대한 적분이므로 $\int \rho dv$는 t만의 함수가 돼.

이제 식 (3-6-10)의 우변을 보자. 스토크스 정리를 이용하면

$$\int \vec{\nabla} \cdot \vec{J} dv = \int_{\text{구 표면}} \vec{J} \cdot \hat{n} da$$

이다. 반지름이 무한대인 구 표면에서 파동함수는 0이므로 $\vec{J}$는 0이 된다. 따라서 식 (3-6-10)에서 우변은 0이다. 그러면

$$\frac{d}{dt}\int \rho dv = 0$$

이니까

$$\int \rho dv$$

는 시간에 따라 변하지 않는다. 보른은 이 양을 확률의 총합이라고 생각했다. 즙,

$$1 = \int |\psi|^2 dv \tag{3-6-12}$$

가 된다.

물리군 파동함수보다는 파동함수의 절댓값의 제곱이 물리적인 의미를 갖는군요.
정교수 물리적인 의미를 갖기 위해서는 실수여야 하기 때문이야. 파동함수는 일반적으로 복소수이니까 말일세.

보른은 양자역학이 물리량을 측정하는 연산자를 파동함수에 작용해서 연산자에 대한 고윳값과 파동함수의 곱이 나오는 체계를 이룬다고 생각했다. 예를 들어 연산자 $\hat{A}$가 파동함수 ψ에 작용해 고윳값 a를 가진다면

$$\hat{A}\psi = a\psi \tag{3-6-13}$$

라고 쓸 수 있다.

또한 양자역학에서는 복소수를 사용할 수 있지만 물리량은 실수이어야 하므로 고윳값 a가 실수가 되는 연산자만이 물리적인 연산자라고 보았다. 즉, 식 (3-6-13)에서 a가 실수인 경우에만 $\hat{A}$가 물리적인 연산자이다.

보른은 다음과 같은 양을 생각했다.

$$\int \psi_1^* \hat{A} \psi_2 dv$$

여기서 $\hat{A}$는 파동함수 ψ_2에 작용한다. 보른은 이 표현을

$$\int (\hat{B}\psi_1)^* \psi_2 dv$$

로 쓸 수 있을 때, $\hat{B}$를 $\hat{A}$의 에르미트 켤레 연산자라 하고 $\hat{A}^\dagger$로 나타냈다. 즉, 다음과 같다.

$$\int \psi_1^* \hat{A} \psi_2 dv = \int (\hat{A}^\dagger \psi_1)^* \psi_2 dv \quad (3\text{-}6\text{-}14)$$

이것은 수학자 에르미트(Charles Hermite, 1822~1901)가 처음 연구한 내용이다. 식 (3-6-14)에서

$$\hat{A}^\dagger = \hat{A} \quad (3\text{-}6\text{-}15)$$

인 경우 $\hat{A}$를 에르미트 연산자라고 부른다.

보른은 파동함수 ψ에 대한 연산자 $\hat{A}$의 기댓값을

$$< \hat{A} > = \int \psi^* \hat{A} \psi dv \qquad (3\text{–}6\text{–}16)$$

로 정의했다. 이때 $\hat{A}$가 에르미트 연산자이면 기댓값은 실수이다.

물리군 왜 그런 거죠?

정교수 식 (3–6–16)에 식 (3–6–13)을 넣으면

$$< \hat{A} > = \int \psi^* \hat{A} \psi dv = \int \psi^* a \psi dv = a \int \psi^* \psi dv = a$$

이고, 식 (3–6–14)로부터

$$< \hat{A} > = \int \psi^* \hat{A} \psi dv = \int (\hat{A}\psi)^* \psi dv = \int (a\psi)^* \psi dv = a^*$$

이므로

$$a = a^*$$

가 되어 a는 실수임을 알 수 있지.

그리고 두 연산자 $\hat{A}$, $\hat{B}$에 대해

$$(\hat{A}\hat{B})^\dagger = \hat{B}^\dagger \hat{A}^\dagger \qquad (3\text{–}6\text{–}17)$$

라네.

물리군 그건 어떻게 성립하나요?

정교수 한번 증명해 볼까? 에르미트 켤레 연산자의 정의에 의해

$$\int \psi_1^* \hat{A}\hat{B}\psi_2 dv = \int ((\hat{A}\hat{B})^\dagger \psi_1)^* \psi_2 dv$$

일세. 그런데 좌변은

$$\int \psi_1^* \hat{A}\hat{B}\psi_2 dv = \int \psi_1^* \hat{A}(\hat{B}\psi_2) dv$$

로 쓸 수 있고,

$$\int \psi_1^* \hat{A}(\hat{B}\psi_2) dv = \int (\hat{A}^\dagger \psi_1)^* \hat{B}\psi_2 dv$$
$$= \int (\hat{B}^\dagger \hat{A}^\dagger \psi_1)^* \psi_2 dv$$

이므로 식 (3-6-17)이 성립하지.

물리군 위치 연산자도 에르미트 연산자인가요?

정교수 $\hat{x}$가 에르미트 연산자임을 보여줄게. $\hat{x}$의 기댓값을 계산하면

$$< \hat{x} > = \int \psi^* \hat{x}\psi dv = \int \psi^* x\psi dv = \int (x\psi)^* \psi dv = \int (\hat{x}\psi)^* \psi dv$$

이니까

$$\hat{x}^\dagger = \hat{x}$$

가 되지. 마찬가지로

$$\hat{y}^{\dagger} = \hat{y}$$

$$\hat{z}^{\dagger} = \hat{z}$$

라네. 즉, $\hat{x}, \hat{y}, \hat{z}$는 에르미트 연산자들이야.

물리군 운동량 연산자도 에르미트 연산자예요?

정교수 $\hat{p}_x$가 에르미트 연산자임을 보여줄게. $\hat{p}_x$의 기댓값을 계산하면

$$< \hat{p}_x > = \int \psi^* \hat{p}_x \psi dv$$

$$= \frac{\hbar}{i} \int \psi^* \partial_x \psi dv$$

$$= \frac{\hbar}{i} \int [\partial_x (|\psi|^2) - (\partial_x \psi^*) \psi] dv$$

일세. 여기서

$$\int \partial_x (|\psi|^2) dv = \iint \left[\int_{x=-\infty}^{\infty} \partial_x (|\psi|^2) dx \right] dydz$$

로 쓸 수 있지. 그런데

$$\int_{x=-\infty}^{\infty} \partial_x (|\psi|^2) dx = \left[|\psi(x, y, z, t)|^2 \right]_{x=-\infty}^{x=\infty}$$

$$= |\psi(\infty, y, z, t)|^2 - |\psi(-\infty, y, z, t)|^2$$

$$= 0$$

이므로

$$\int \psi^* \hat{p}_x \psi dv = -\frac{\hbar}{i}\int (\partial_x \psi^*)\psi dv$$

$$= \int \left(\frac{\hbar}{i}\partial_x \psi\right)^* \psi dv$$

$$= \int (\hat{p}_x \psi)^* \psi dv$$

가 되어

$$\hat{p}_x^\dagger = \hat{p}_x$$

이지. 마찬가지로

$$\hat{p}_y^\dagger = \hat{p}_y$$

$$\hat{p}_z^\dagger = \hat{p}_z$$

가 성립한다네.

물리군 에르미트 연산자가 아니면 기댓값이 허수가 될 수도 있군요.

정교수 맞아. 그러니까 물리적인 연산자는 반드시 에르미트 연산자여야 해.

구좌표계 _ 3차원 공간을 다르게 나타내기

물리군 조머펠트가 도입한 세 개의 양자수 n, l, m은 아직 안 나타나네요.

정교수 물론이지. 세 개의 양자수는 3차원 양자역학으로 수소 원자 속 전자의 슈뢰딩거 방정식을 풀면 나타날 거야. 그런데 그 내용이 수학적으로 아주 복잡하다네. 이것은 물리학과 학생들도 3학년 2학기 때 〈양자역학 2〉라는 과목에서 공부하지. 이때 사용하는 수학은 2학년 때 〈수리물리학〉 과목에서 배우고 말이야.

물리군 쉽게 이해할 수 있는 방법은 없나요?

정교수 대충 건너뛰면서 말로 설명할 수도 있지. 하지만 이 책은 과학자의 위대한 논문을 읽는 게 목적이니까 수식을 조금은 이해할 필요가 있어. 아무튼 내가 할 수 있는 한 가장 친절하게 세 개의 양자수 n, l, m이 나오는 과정을 설명해 주겠네.

물리군 바짝 긴장할게요!

정교수 먼저 구좌표에 대해 알아야 해.

물리군 구좌표라는 건 처음 듣는데요?

정교수 3차원 공간은 세 개의 좌표로 나타낼 수 있네. 그중 유명한 것은 데카르트 좌표와 구좌표일세.

공간상의 점 P는 데카르트 좌표로 다음과 같이 나타낼 수 있다.

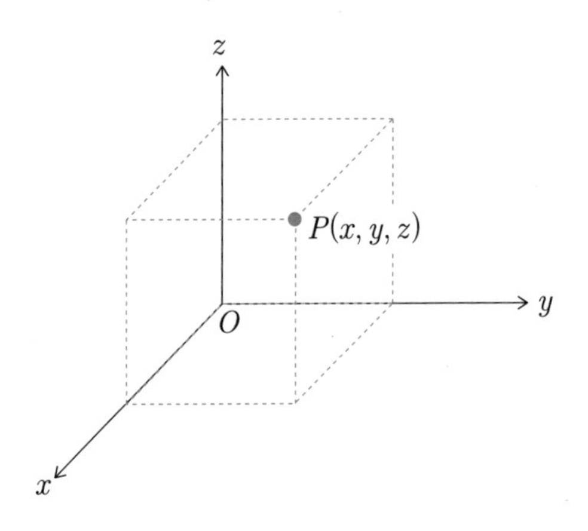

이번에는 같은 점 P를 구좌표로 나타내는 방법을 알아보자.

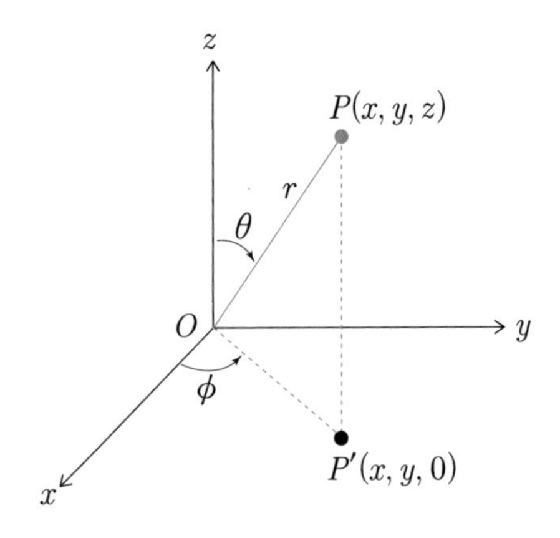

구좌표계는 원점 O에서 점 P까지의 거리 r, z축과 $\overline{OP}$의 사잇각 θ, 점 P의 xy평면으로의 수선의 발을 $P'(x, y, 0)$이라고 할 때 $\overline{OP'}$과 x축

의 양의 방향이 이루는 각 ϕ로 구성된다. 즉, 점 P를 데카르트 좌표로 나타내면

$$P(x, y, z)$$

이지만 구좌표로 나타내면

$$P(r, \theta, \phi)$$

가 된다. 여기서 θ를 편각, ϕ를 방위각이라고 한다. 이때 편각의 범위는

$$0 \le \theta \le \pi$$

이다. 예를 들어 북극점의 편각은 $\theta = 0$이고 남극점의 편각은 $\theta = \pi$이다. 한편 방위각의 범위는 다음과 같다.

$$0 \le \phi \le 2\pi$$

$\overline{OP'}$은 $\overline{OP}$의 그림자이므로

$$\overline{OP'} = \overline{OP}\cos\left(\frac{\pi}{2} - \theta\right)$$

$$= \overline{OP}\sin\theta$$

$$= r\sin\theta \qquad (3\text{–}7\text{–}1)$$

가 된다. 이제 다음 그림을 보자.

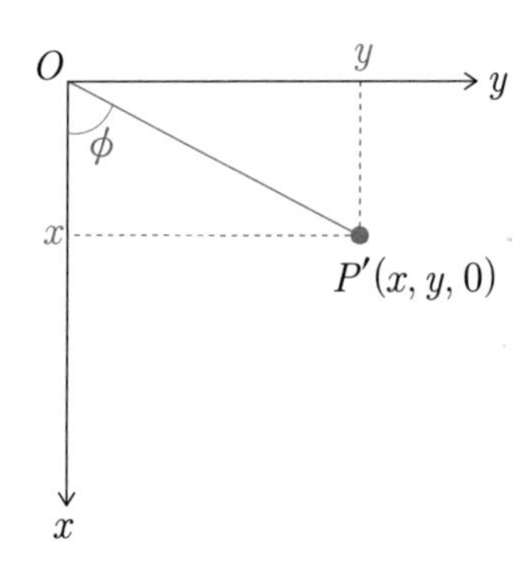

따라서 데카르트 좌표를 구좌표로 나타내면 다음과 같다.

$$x = r\sin\theta\cos\phi$$

$$y = r\sin\theta\sin\phi$$

$$z = r\cos\theta \qquad (3\text{–}7\text{–}2)$$

반대로 구좌표를 데카르트 좌표로 나타내면

$$r = \sqrt{x^2 + y^2 + z^2}$$

$$\theta = \cos^{-1}\frac{z}{r}$$

$$\phi = \tan^{-1}\frac{y}{x} \qquad (3\text{–}7\text{–}3)$$

가 된다.

이제 구좌표계에서 세 개의 단위벡터를 구하겠다. 다음 그림을 보자.

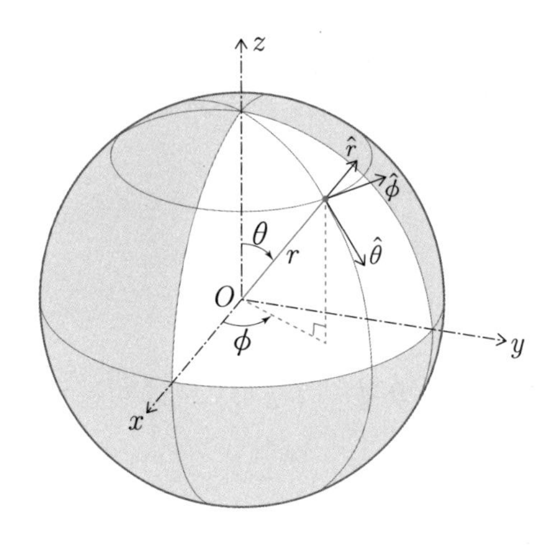

여기서 $\hat{r}$는 r방향의 단위벡터, $\hat{\theta}$는 θ방향의 단위벡터, $\hat{\phi}$는 ϕ방향의 단위벡터를 뜻한다. $\hat{r}, \hat{\theta}, \hat{\phi}$를 데카르트 좌표계의 단위벡터 $\hat{i}, \hat{j}, \hat{k}$로 표현하면 다음과 같다.

$$\hat{r} = \sin\theta\cos\phi\hat{i} + \sin\theta\sin\phi\hat{j} + \cos\theta\hat{k}$$

$$\hat{\theta} = \cos\theta\cos\phi\hat{i} + \cos\theta\sin\phi\hat{j} - \sin\theta\hat{k}$$

$$\hat{\phi} = -\sin\phi\hat{i} + \cos\phi\hat{j} \tag{3-7-4}$$

물리군 어떻게 이런 식이 나온 건가요?

정교수 그림에서 답을 찾을 수 있다네. 하나씩 살펴볼까?

$$\hat{r} = \frac{\vec{r}}{r} = \frac{x\hat{i} + y\hat{j} + z\hat{k}}{r}$$

이고 여기에 식 (3-7-2)를 넣으면 식 (3-7-4)의 첫 번째 식이 나오지.

물리군　그건 알겠어요.

정교수　나머지도 마찬가지야. $\hat{r}$는 θ와 ϕ의 함수이므로

$$\hat{r}(\theta, \phi)$$

라고 쓸 수 있어. $\hat{\theta}$는 $\hat{r}(\theta, \phi)$의 θ방향으로의 미분에 비례하네. 이때 비례상수를 c로 놓으면

$$\hat{\theta} = c \times \lim_{\Delta\theta \to 0} \frac{\hat{r}(\theta + \Delta\theta, \phi) - \hat{r}(\theta, \phi)}{\Delta\theta} = c \times \frac{\partial}{\partial\theta}\hat{r}(\theta, \phi)$$

$$= c(\cos\theta\cos\phi\hat{i} + \cos\theta\sin\phi\hat{j} - \sin\theta\hat{k})$$

가 되지. 그런데 $|\hat{\theta}| = 1$이므로 $c = 1$이야.

같은 방법으로 생각해 보세. $\hat{\phi}$는 $\hat{r}(\theta, \phi)$의 ϕ방향으로의 미분에 비례하지. 여기서 비례상수를 d로 놓으면

$$\hat{\phi} = d \times \lim_{\Delta\phi \to 0} \frac{\hat{r}(\theta, \phi + \Delta\phi) - \hat{r}(\theta, \phi)}{\Delta\phi} = d \times \frac{\partial}{\partial\phi}\hat{r}(\theta, \phi)$$

$$= d\sin\theta(-\sin\phi\hat{i} + \cos\phi\hat{j})$$

가 돼. 그런데 $|\hat{\phi}| = 1$이므로 $d = \frac{1}{\sin\theta}$ 이라네.

물리군　$\hat{\theta}$와 $\hat{\phi}$는 $\hat{r}$의 미분으로 쉽게 구할 수 있군요.

정교수 그렇지. 이번에는 데카르트 좌표계의 단위벡터를 구좌표계의 단위벡터로 나타내 볼까? 그 결과는 다음과 같아.

$$\hat{i} = \sin\theta\cos\phi\hat{r} + \cos\theta\cos\phi\hat{\theta} - \sin\phi\hat{\phi}$$

$$\hat{j} = \sin\theta\sin\phi\hat{r} + \cos\theta\sin\phi\hat{\theta} + \cos\phi\hat{\phi}$$

$$\hat{k} = \cos\theta\hat{r} - \sin\theta\hat{\theta} \tag{3-7-5}$$

물리군 이 식들은 어디서 나오는 거죠?

정교수 식 (3-7-4)에서 구하면 돼. 우선 첫 번째 식에 $\sin\theta\cos\phi$를 곱하면

$$\sin\theta\cos\phi\hat{r} = \sin^2\theta\cos^2\phi\hat{i} + \sin^2\theta\sin\phi\cos\phi\hat{j} + \sin\theta\cos\theta\cos\phi\hat{k}$$

이고, 두 번째 식에 $\cos\theta\cos\phi$를 곱하면

$$\cos\theta\cos\phi\hat{\theta} = \cos^2\theta\cos^2\phi\hat{i} + \cos^2\theta\sin\phi\cos\phi\hat{j} - \sin\theta\cos\theta\cos\phi\hat{k}$$

가 되네. 이 두 식을 더하면 다음과 같지.

$$\sin\theta\cos\phi\hat{r} + \cos\theta\cos\phi\hat{\theta} = \cos^2\phi\hat{i} + \sin\phi\cos\phi\hat{j} \tag{3-7-6}$$

한편 식 (3-7-4)의 세 번째 식으로부터

$$\hat{\phi} + \sin\phi\hat{i} = \cos\phi\hat{j} \tag{3-7-7}$$

이고, 이것을 식 (3-7-6)에 넣으면

$$\sin\theta\cos\phi\hat{r} + \cos\theta\cos\phi\hat{\theta} = \cos^2\phi\hat{i} + \sin^2\phi\hat{i} + \sin\phi\hat{\phi}$$

가 되어,

$$\hat{i} = \sin\theta\cos\phi\hat{r} + \cos\theta\cos\phi\hat{\theta} - \sin\phi\hat{\phi}$$

로 쓸 수 있네. 나머지는 자네가 해 볼 수 있지?

물리군 그럼요!

정교수 여기서 꼭 기억할 게 있어. 바로 다음 식들일세.

$$\partial_\theta\hat{r} = \hat{\theta}$$

$$\partial_\phi\hat{r} = \sin\theta\hat{\phi}$$

$$\partial_\theta\hat{\theta} = -\hat{r}$$

$$\partial_\phi\hat{\theta} = \cos\theta\hat{\phi}$$

$$\partial_\phi\hat{\phi} = -(\sin\theta\hat{r} + \cos\theta\hat{\theta}) \tag{3-7-8}$$

물리군 마지막 식은 잘 모르겠어요.

정교수 그건 간단해.

$$\partial_\phi\hat{\phi} = -(\cos\phi\hat{i} + \sin\phi\hat{j})$$

가 되는데,

$$\sin\theta\hat{r} + \cos\theta\hat{\theta} = \cos\phi\hat{i} + \sin\phi\hat{j}$$

이거든.

물리군 아하! 그렇군요.

정교수 이제 구좌표를 데카르트 좌표로 편미분한 결과를 알아보겠네. 그 결과는 다음과 같아.

$$\frac{\partial r}{\partial x} = \sin\theta\cos\phi$$

$$\frac{\partial r}{\partial y} = \sin\theta\sin\phi$$

$$\frac{\partial r}{\partial z} = \cos\theta$$

$$\frac{\partial\theta}{\partial x} = \frac{\cos\theta\cos\phi}{r}$$

$$\frac{\partial\theta}{\partial y} = \frac{\cos\theta\sin\phi}{r}$$

$$\frac{\partial\theta}{\partial z} = -\frac{\sin\theta}{r}$$

$$\frac{\partial\phi}{\partial x} = -\frac{\sin\phi}{r\sin\theta}$$

$$\frac{\partial\phi}{\partial y} = \frac{\cos\phi}{r\sin\theta}$$

$$\frac{\partial\phi}{\partial z} = 0 \tag{3-7-9}$$

물리군 엄청 복잡하네요.

정교수 세 개만 증명해줄게.

$$\frac{\partial r}{\partial x} = \partial_x \sqrt{x^2 + y^2 + z^2}$$

$$= \frac{2x}{2\sqrt{x^2 + y^2 + z^2}}$$

$$= \frac{x}{r}$$

$$= \sin\theta\cos\phi$$

$$\frac{\partial\theta}{\partial y} = \frac{\partial}{\partial y}\cos^{-1}\frac{z}{r}$$

$$= -\frac{1}{\sqrt{1-\left(\frac{z}{r}\right)^2}}\left(-\frac{z}{r^2}\right)\frac{\partial r}{\partial y}$$

$$= \frac{1}{\sqrt{1-\left(\frac{z}{r}\right)^2}}\left(\frac{z}{r^2}\right)\frac{y}{r}$$

$$= \frac{yz}{r^2\sqrt{r^2 - z^2}}$$

$$= \frac{\cos\theta\sin\phi}{r}$$

$$\frac{\partial \phi}{\partial x} = \frac{\partial}{\partial x} \tan^{-1} \frac{y}{x}$$

$$= \frac{1}{1+\left(\frac{y}{x}\right)^2} \left(-\frac{y}{x^2}\right)$$

$$= -\frac{y}{x^2+y^2}$$

$$= -\frac{\sin \phi}{r \sin \theta}$$

나머지는 자네가 한번 증명해 보게.

물리군　그럴게요.

정교수　잠깐 확인하고 넘어갈 내용이 있어. $y = f(u)$이고 $u = u(x)$일 때 $\frac{dy}{dx}$를 구해 볼까?

물리군　합성함수의 미분법을 말씀하시는 거죠? 다음과 같아요.

$$\frac{dy}{dx} = \frac{df}{du} \frac{du}{dx}$$

정교수　이것을 수학자들은 미분의 연쇄규칙이라고 한다네. 미분이 연쇄적으로 일어나니까 말이야. 미분의 연쇄규칙은 편미분에서도 적용돼.

예를 들어 $Y = Y(u, v)$이고 $u = u(x, y)$, $v = v(x, y)$이면

$$\frac{\partial Y}{\partial x} = \frac{\partial Y}{\partial u}\frac{\partial u}{\partial x} + \frac{\partial Y}{\partial v}\frac{\partial v}{\partial x}$$

$$\frac{\partial Y}{\partial y} = \frac{\partial Y}{\partial u}\frac{\partial u}{\partial y} + \frac{\partial Y}{\partial v}\frac{\partial v}{\partial y}$$

가 된다. 따라서

$$\frac{\partial}{\partial x} = \frac{\partial u}{\partial x}\frac{\partial}{\partial u} + \frac{\partial v}{\partial x}\frac{\partial}{\partial v}$$

$$\frac{\partial}{\partial y} = \frac{\partial u}{\partial y}\frac{\partial}{\partial u} + \frac{\partial v}{\partial y}\frac{\partial}{\partial v}$$

이다. 이것을 변수가 두 개인 함수의 편미분에 대한 연쇄규칙이라고 부른다.

이제 우리는 변수가 세 개인 함수의 편미분에 대한 연쇄규칙이 필요하다.

$$r = r(x, y, z)$$

$$\theta = \theta(x, y, z)$$

$$\phi = \phi(x, y, z)$$

로 놓으면

$$\frac{\partial}{\partial x} = \frac{\partial r}{\partial x}\frac{\partial}{\partial r} + \frac{\partial \theta}{\partial x}\frac{\partial}{\partial \theta} + \frac{\partial \phi}{\partial x}\frac{\partial}{\partial \phi}$$

$$\frac{\partial}{\partial y} = \frac{\partial r}{\partial y}\frac{\partial}{\partial r} + \frac{\partial \theta}{\partial y}\frac{\partial}{\partial \theta} + \frac{\partial \phi}{\partial y}\frac{\partial}{\partial \phi}$$

$$\frac{\partial}{\partial z} = \frac{\partial r}{\partial z}\frac{\partial}{\partial r} + \frac{\partial \theta}{\partial z}\frac{\partial}{\partial \theta} + \frac{\partial \phi}{\partial z}\frac{\partial}{\partial \phi}$$

가 된다. 식 (3-7-9)를 이용하면

$$\frac{\partial}{\partial x} = \sin\theta\cos\phi\frac{\partial}{\partial r} + \frac{\cos\theta\cos\phi}{r}\frac{\partial}{\partial \theta} - \frac{\sin\phi}{r\sin\theta}\frac{\partial}{\partial \phi}$$

$$\frac{\partial}{\partial y} = \sin\theta\sin\phi\frac{\partial}{\partial r} + \frac{\cos\theta\sin\phi}{r}\frac{\partial}{\partial \theta} + \frac{\cos\phi}{r\sin\theta}\frac{\partial}{\partial \phi}$$

$$\frac{\partial}{\partial z} = \cos\theta\frac{\partial}{\partial r} - \frac{\sin\theta}{r}\frac{\partial}{\partial \theta} \tag{3-7-10}$$

이다.

이로써 벡터미분 연산자를 완벽하게 구좌표로 표현할 수 있다. 벡터미분 연산자는

$$\vec{\nabla} = \hat{i}\partial_x + \hat{j}\partial_y + \hat{k}\partial_z \tag{3-7-11}$$

이므로 식 (3-7-5)와 (3-7-10)을 식 (3-7-11)에 넣으면

$$\vec{\nabla} = \hat{r}\partial_r + \frac{1}{r}\hat{\theta}\partial_\theta + \frac{1}{r\sin\theta}\hat{\phi}\partial_\phi \tag{3-7-12}$$

가 된다.

물리군 나름 예쁜 모습이네요.

정교수 이제 라플라시안을 구좌표계로 바꿔 볼게. 이 계산은 다음과 같아.

$$\vec{\nabla}\cdot\vec{\nabla}=\nabla^2$$

$$=\left(\hat{r}\partial_r+\frac{1}{r}\hat{\theta}\partial_\theta+\frac{1}{r\sin\theta}\hat{\phi}\partial_\phi\right)\cdot\left(\hat{r}\partial_r+\frac{1}{r}\hat{\theta}\partial_\theta+\frac{1}{r\sin\theta}\hat{\phi}\partial_\phi\right)$$

$$=\hat{r}\partial_r\cdot\hat{r}\partial_r+\hat{r}\partial_r\cdot\frac{1}{r}\hat{\theta}\partial_\theta+\hat{r}\partial_r\cdot\frac{1}{r\sin\theta}\hat{\phi}\partial_\phi$$

$$+\frac{1}{r}\hat{\theta}\partial_\theta\cdot\hat{r}\partial_r+\frac{1}{r}\hat{\theta}\partial_\theta\cdot\frac{1}{r}\hat{\theta}\partial_\theta+\frac{1}{r}\hat{\theta}\partial_\theta\cdot\frac{1}{r\sin\theta}\hat{\phi}\partial_\phi$$

$$+\frac{1}{r\sin\theta}\hat{\phi}\partial_\phi\cdot\hat{r}\partial_r+\frac{1}{r\sin\theta}\hat{\phi}\partial_\phi\cdot\frac{1}{r}\hat{\theta}\partial_\theta+\frac{1}{r\sin\theta}\hat{\phi}\partial_\phi\cdot\frac{1}{r\sin\theta}\hat{\phi}\partial_\phi$$

물리군 우와! 아주 복잡하네요.

정교수 차근차근 생각하면 돼. 예를 들어

$$\frac{1}{r}\hat{\theta}\partial_\theta\cdot\frac{1}{r\sin\theta}\hat{\phi}\partial_\phi$$

$$=\frac{1}{r^2}\hat{\theta}\cdot\partial_\theta\left[\frac{1}{\sin\theta}\hat{\phi}\partial_\phi\right]$$

$$=\frac{1}{r^2}\hat{\theta}\cdot\left[-\frac{\cos\theta}{\sin^2\theta}\hat{\phi}\partial_\phi+\frac{1}{\sin\theta}(\partial_\theta\hat{\phi})\partial_\phi+\frac{1}{\sin\theta}\hat{\phi}\partial_\theta\partial_\phi\right]$$

와 같이 계산하지. 이런 식으로 모든 계산을 마치면 라플라시안은

$$\nabla^2 = \frac{1}{r^2}\partial_r(r^2\partial_r) + \frac{1}{r^2}\left[\frac{1}{\sin\theta}\partial_\theta(\sin\theta\partial_\theta) + \frac{1}{\sin^2\theta}\partial_\phi^2\right] \quad (3\text{-}7\text{-}13)$$

으로 나타낼 수 있어.

물리군　엄청난 양의 계산이 필요하겠군요.

정교수　그렇지. 대학생일 때가 기억나는군. 난 이런 복잡한 계산을 즐겼거든. 너무 재미있었다네.

물리군　그러니까 이론물리학자가 되셨죠.

정교수　인정하지. 이번에는 구좌표계로 부피 요소를 나타내 볼까? r 방향으로 아주 작게 쪼갠 한 부분의 길이를 Δr, θ방향으로 아주 잘게 쪼갠 각을 $\Delta\theta$, ϕ방향으로 아주 잘게 쪼갠 각을 $\Delta\phi$라고 하겠네. 이때 다음과 같은 모양을 상상해 보세.

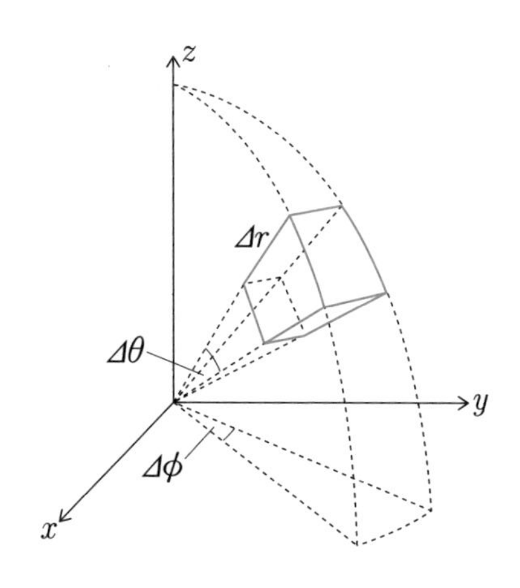

그림에서 보이는 입체는 직육면체를 닮았지?

물리군 그렇군요. 하지만 변들이 곡선이잖아요?

정교수 Δr, $\Delta\theta$, $\Delta\phi$를 0에 가까운 값으로 보내는 극한을 생각해 보게. 그러면 Δr, $\Delta\theta$, $\Delta\phi$는 dr, $d\theta$, $d\phi$가 되지. 이런 극한을 이용하면 곡선이 직선에 가까워질 거야. 이제 다음 그림을 보게.

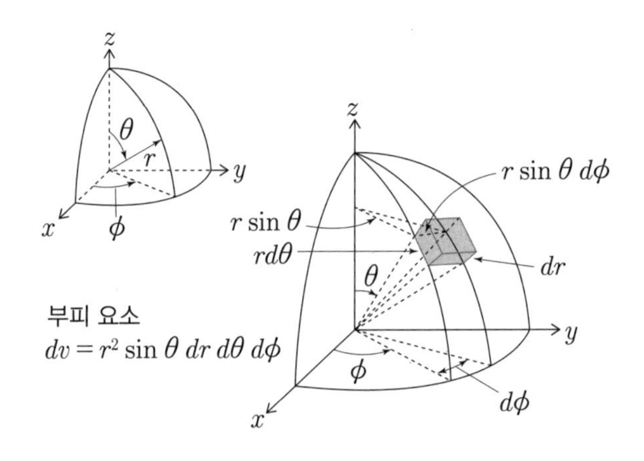

이 직육면체의 세 변의 길이는 dr, $rd\theta$, $r\sin\theta d\phi$이지. 그러니까 부피 요소는

$$dv = (dr) \times (rd\theta) \times (r\sin\theta d\phi) = r^2 \sin\theta dr d\theta d\phi$$

가 돼.

물리군 이 부피 요소로 구의 부피를 구할 수 있나요?

정교수 물론이야. 반지름 R인 구의 부피를 구하는 공식은 뭐지?

물리군　$\frac{4}{3}\pi R^3$이에요.

정교수　구의 부피 요소를 모두 더하면 구의 부피가 나와. 이때 r방향은 0부터 R까지 생각하고 θ는 0에서 π까지, ϕ는 0에서 2π까지를 생각하면 되지. 그러니까 구의 부피를 V라고 하면

$$V = \int_{r=0}^{R}\int_{\theta=0}^{\pi}\int_{\phi=0}^{2\pi} dv$$

$$= \int_{r=0}^{R}\int_{\theta=0}^{\pi}\int_{\phi=0}^{2\pi} r^2 \sin\theta dr d\theta d\phi$$

$$= \left(\int_{r=0}^{R} r^2 dr\right)\times\left(\int_{\theta=0}^{\pi} \sin\theta d\theta\right)\times\left(\int_{\phi=0}^{2\pi} d\phi\right)$$

$$= \frac{R^3}{3}\times 2\times 2\pi$$

$$= \frac{4}{3}\pi R^3$$

이 되는 거라네.

물리군　그렇군요.

각운동량 연산자 _ 각운동량의 변화

정교수　양자역학에서는 고전역학의 모든 물리량이 연산자로 대체된다네. 그러니까 각운동량도 연산자로 바뀌지. 각운동량 연산자는

$$\vec{L} = \vec{r} \times \vec{p} = \frac{\hbar}{i} \vec{r} \times \vec{\nabla} \tag{3-8-1}$$

가 돼.

각운동량 연산자를 성분으로 쓰면

$$L_x = yp_z - zp_y$$

$$L_y = zp_x - xp_z$$

$$L_z = xp_y - yp_x \tag{3-8-2}$$

라네.

물리군 각운동량 연산자도 에르미트 연산자인가요?

정교수 물론이야. 다음 식을 보게.

$$L_x^\dagger = (yp_z - zp_y)^\dagger$$

$$= (yp_z)^\dagger - (zp_y)^\dagger$$

$$= p_z^\dagger y^\dagger - p_y^\dagger z^\dagger$$

$$= p_z y - p_y z$$

$$= yp_z - zp_y$$

$$= L_x$$

따라서 L_x는 에르미트 연산자일세. 마찬가지로 L_y, L_z도 에르미트 연산자이지.

물리군 그렇군요.

정교수 각운동량 연산자는 재미있는 관계를 만족하네.

$$[L_x, L_y] = [yp_z - zp_y, zp_x - xp_z]$$

$$= [yp_z, zp_x] - [zp_y, zp_x] - [yp_z, xp_z] + [zp_y, xp_z]$$

여기서

$$[yp_z, zp_x] = yp_z zp_x - zp_x yp_z$$

$$= yp_x(p_z z - zp_z)$$

$$= - i\hbar yp_x$$

$$[zp_y, zp_x] = 0$$

$$[yp_z, xp_z] = 0$$

$$[zp_y, xp_z] = i\hbar xp_y$$

이므로

$$[L_x, L_y] = i\hbar(xp_y - yp_x) = i\hbar L_z$$

가 돼. 즉, 우리는 다음과 같은 관계식을 구할 수 있지.

$$[L_x, L_y] = i\hbar L_z$$

$$[L_y, L_z] = i\hbar L_x$$

$$[L_z, L_x] = i\hbar L_y \tag{3-8-3}$$

물리군 각운동량 연산자도 구좌표로 나타낼 수 있나요?

정교수 그렇다네. $\vec{r} = r\hat{r}$ 이므로

$$\vec{L} = \frac{\hbar}{i}\vec{r} \times \vec{\nabla}$$

$$= \frac{\hbar}{i} r\hat{r} \times \left(\hat{r}\partial_r + \frac{1}{r}\hat{\theta}\partial_\theta + \frac{1}{r\sin\theta}\hat{\phi}\partial_\phi\right)$$

$$= \frac{\hbar}{i} r\left(\frac{1}{r}\hat{\phi}\partial_\theta - \frac{1}{r\sin\theta}\hat{\theta}\partial_\phi\right)$$

$$= \frac{\hbar}{i}\left(\hat{\phi}\partial_\theta - \frac{1}{\sin\theta}\hat{\theta}\partial_\phi\right) \tag{3-8-4}$$

가 되지.

물리군 각운동량 연산자는 θ와 ϕ랑만 관련 있군요.

정교수 이제 각운동량 연산자를 그냥 각운동량이라고 부르겠네. 각운동량의 x, y, z성분을 구하려면 식 (3-7-4)를 이용하면 돼. 그 결과는 다음과 같아.

$$L_x = \frac{\hbar}{i}(-\sin\phi\partial_\theta - \cot\theta\cos\phi\partial_\phi)$$

$$L_y = \frac{\hbar}{i}(\cos\phi\partial_\theta - \cot\theta\sin\phi\partial_\phi)$$

$$L_z = \frac{\hbar}{i}\partial_\phi \tag{3-8-5}$$

각운동량의 크기의 제곱을 구하기 위해

$$\vec{L}\cdot\vec{L} = L^2$$

으로 놓으면

$$L^2 = -\hbar^2\left(\hat{\phi}\partial_\theta - \frac{1}{\sin\theta}\hat{\theta}\partial_\phi\right)\cdot\left(\hat{\phi}\partial_\theta - \frac{1}{\sin\theta}\hat{\theta}\partial_\phi\right)$$

이다. 여기서

$$\hat{\phi}\partial_\theta\cdot\hat{\phi}\partial_\theta = \partial_\theta^2$$

$$\frac{1}{\sin\theta}\hat{\theta}\partial_\phi\cdot\hat{\phi}\partial_\theta = \frac{1}{\sin\theta}\hat{\theta}\cdot[(\partial_\phi\hat{\phi})\partial_\theta + \hat{\phi}\partial_\phi\partial_\theta]$$

$$= \frac{1}{\sin\theta}\hat{\theta}\cdot[-(\sin\theta\hat{r} + \cos\theta\hat{\theta})\partial_\theta + \hat{\phi}\partial_\phi\partial_\theta]$$

$$= -\cot\theta\partial_\theta$$

$$\hat{\phi}\partial_\theta \cdot \frac{1}{\sin\theta}\hat{\theta}\partial_\phi = \hat{\phi} \cdot \left[-\frac{\cos\theta}{\sin^2\theta}\hat{\theta}\partial_\phi + \frac{1}{\sin\theta}(-\hat{r})\partial_\phi + \frac{1}{\sin\theta}\hat{\theta}\partial_\theta\partial_\phi\right]$$

$$= 0$$

$$\frac{1}{\sin\theta}\hat{\theta}\partial_\phi \cdot \frac{1}{\sin\theta}\hat{\theta}\partial_\phi = \frac{1}{\sin^2\theta}\partial_\phi^2$$

이다. 따라서

$$L^2 = -\hbar^2\left(\partial_\theta^2 + \cot\theta\partial_\theta + \frac{1}{\sin^2\theta}\partial_\phi^2\right)$$

$$= -\hbar^2\left[\frac{1}{\sin\theta}\partial_\theta(\sin\theta\partial_\theta) + \frac{1}{\sin^2\theta}\partial_\phi^2\right] \quad (3\text{–}8\text{–}6)$$

임을 알 수 있다.

수소 문제 _ 수소 원자핵 속으로

정교수 수소 원자핵 속의 전자는 수소의 원자핵인 양성자와 전자 사이의 전기력을 받아. 그 전기력에 대한 퍼텐셜 에너지는

$$V = -\frac{e^2}{r}$$

이 되지. 여기서 e는 전자의 전하량이야. 즉, 퍼텐셜 에너지는 r만의

함수라네. 식 (3-5-3)의 3차원 슈뢰딩거 방정식에서 퍼텐셜 에너지가 r만의 함수인 경우를 생각하세. 이때 슈뢰딩거 방정식은

$$\left[-\frac{\hbar^2}{2\mu}\nabla^2 + V(r)\right]\psi(r,\theta,\phi) = E\psi(r,\theta,\phi) \tag{3-9-1}$$

가 돼. 퍼텐셜 에너지가 구좌표계의 r만의 함수이니까 파동함수를 구좌표계로 나타냈지.

물리군 라플라시안을 구좌표계로 써야겠군요.

정교수 맞아. 그러면 다음과 같아.

$$\nabla^2 = \frac{1}{r^2}\partial_r(r^2\partial_r) - \frac{L^2}{\hbar^2 r^2}$$

이렇게 해야 식 (3-9-1)을 풀 수 있다네. 그러니까 식 (3-9-1)은

$$\frac{1}{r^2}\partial_r(r^2\partial_r\psi) + \frac{1}{r^2}\left[\frac{1}{\sin\theta}\partial_\theta(\sin\theta\partial_\theta\psi) + \frac{1}{\sin^2\theta}\partial_\phi^2\psi\right] + \frac{2\mu e^2}{\hbar^2}\frac{1}{r}\psi + \frac{2\mu E}{\hbar^2}\psi = 0$$

또는

$$-\frac{\hbar^2}{2\mu}\left(\frac{1}{r^2}\partial_r(r^2\partial_r) - \frac{L^2}{\hbar^2 r^2}\right)\psi + V(r)\psi = E\psi \tag{3-9-2}$$

가 돼.

물리군 엄청 복잡한데요.

정교수 파동함수를 다음과 같이 놓고 생각해 보게.

$$\psi(r, \theta, \phi) = R(r)Y(\theta, \phi)$$

그러면

$$\frac{1}{R}\left[\frac{d}{dr}\left(r^2\frac{dR}{dr}\right)+\frac{2\mu r^2}{\hbar^2}(E-V(r))R\right]=\frac{1}{\hbar^2}\frac{1}{Y}L^2 Y$$

이다. 좌변은 r만의 함수이고 우변은 θ, ϕ만의 함수이므로 좌변이나 우변은 상수이어야 한다. 이 상수를 λ라고 하면

$$\frac{1}{\hbar^2}\frac{1}{Y}L^2 Y = \lambda$$

또는

$$L^2 Y = \hbar^2 \lambda Y \quad (3\text{–}9\text{–}3)$$

가 된다. 이것을 다시 쓰면

$$-\hbar^2\left[\frac{1}{\sin\theta}\partial_\theta(\sin\theta\partial_\theta Y)+\frac{1}{\sin^2\theta}\partial_\phi^2 Y\right]=\hbar^2\lambda Y$$

또는

$$\sin^2\theta\left[\frac{1}{\sin\theta}\partial_\theta(\sin\theta\partial_\theta Y)+\lambda Y\right]=-\partial_\phi^2 Y \quad (3\text{–}9\text{–}4)$$

이다. 이제

$$Y(\theta, \phi) = P(\theta)\Phi(\phi) \quad (3\text{–}9\text{–}5)$$

로 놓으면

$$\frac{\sin^2\theta}{P}\left[\frac{1}{\sin\theta}\frac{d}{d\theta}\left(\sin\theta\frac{d}{d\theta}P\right)+\lambda P\right]=-\frac{1}{\boldsymbol{\Phi}}\frac{d^2}{d\phi^2}\boldsymbol{\Phi} \tag{3-9-6}$$

가 된다.

좌변은 θ만의 함수이고 우변은 ϕ만의 함수이므로 양변은 상수이다. 이 상수를 $-\sigma$라고 두면

$$\frac{\sin^2\theta}{P}\left[\frac{1}{\sin\theta}\frac{d}{d\theta}\left(\sin\theta\frac{d}{d\theta}P\right)+\lambda P\right]=-\sigma \tag{3-9-7}$$

$$\frac{1}{\boldsymbol{\Phi}}\frac{d^2}{d\phi^2}\boldsymbol{\Phi}=\sigma \tag{3-9-8}$$

이다. 먼저 식 (3-9-8)을 보자. 이 식은 다음과 같이 쓸 수 있다.

$$\frac{d^2}{d\phi^2}\boldsymbol{\Phi}-\sigma\boldsymbol{\Phi}=0 \tag{3-9-9}$$

만약 σ가 양수이면

$$\boldsymbol{\Phi}=c_1e^{\sqrt{\sigma}\phi}+c_2e^{-\sqrt{\sigma}\phi}$$

이다. 방위각 ϕ의 대칭성인

$$\boldsymbol{\Phi}(2\pi)=\boldsymbol{\Phi}(0)$$

을 만족해야 하므로 이 선택은 성립하지 않는다. 그러므로 σ는 음수

이어야 한다. $\sigma = -|\sigma|$라고 쓰면

$$\Phi = e^{i\sqrt{|\sigma|}\phi}$$

이다. 이때

$$\Phi(2\pi) = \Phi(0)$$

으로부터

$$\sqrt{|\sigma|} = m \quad (m\text{은 정수})$$

이다. 그러므로

$$\sigma = -m^2$$

이 되어,

$$\Phi = e^{im\phi} \tag{3-9-10}$$

임을 알 수 있다.

이제 θ에 대한 식 (3-9-7)을 보면

$$\frac{\sin^2\theta}{P}\left[\frac{1}{\sin\theta}\frac{d}{d\theta}\left(\sin\theta\frac{d}{d\theta}P\right) + \lambda P\right] = m^2$$

또는

$$\frac{1}{\sin\theta}\frac{d}{d\theta}\left(\sin\theta\frac{d}{d\theta}P\right)+\left(\lambda-\frac{m^2}{\sin^2\theta}\right)P=0 \qquad (3-9-11)$$

이 된다.

물리군 식 (3-9-11)은 어떻게 풀죠?

정교수 이 방정식을 처음 푼 사람은 르장드르라는 수학자야.

르장드르(Adrien-Marie Legendre, 1752~1833)

르장드르는 1752년 9월 18일 프랑스 파리의 부유한 가정에서 태어났다. 그는 파리의 마자랭 대학에서 교육을 받았다. 그리고 1775년부터 1780년까지 파리의 군사학교에서, 1795년부터는 사범학교에서 학생들을 가르쳤다.

1782년 르장드르는 저항이 있는 매질을 통과하는 투사체에 대한 연구 논문을 발표했다. 1784년부터 1790년 사이에는 파리 천문대와 영국 왕립 그리니치 천문대 간의 정확한 거리를 삼각법으로 계산했다. 이를 위해 1787년에 런던을 방문해 천왕성을 발견한 윌리엄 허셜을 만났다.

1793년 프랑스 혁명의 영향으로 르장드르는 재산을 잃었다. 1795년 그는 과학 아카데미의 수학 연구자 6인에 들어갔다. 수학을 사랑했던 나폴레옹은 1803년에 국립 연구소를 만들었는데, 르장드르는 이곳 기하학 연구부의 연구원이 되었다.

르장드르는 타원함수, 최소제곱법, 감마함수 등 수많은 연구를 했다. 특히 1830년에 $n=5$인 경우에 대한 페르마의 마지막 정리를 증명했다.

물리군 르장드르가 식 (3-9-11)을 어떻게 풀었는지 궁금해요.

정교수 그는 먼저 $m=0$인 경우를 생각했어.

$m=0$일 때 식 (3-9-11)은 다음과 같다.

$$\frac{1}{\sin\theta}\frac{d}{d\theta}\left(\sin\theta\frac{d}{d\theta}P\right)+\lambda P=0 \tag{3-9-12}$$

여기서

$$\cos\theta = x$$

로 치환하면

$$\frac{d}{d\theta}=\frac{dx}{d\theta}\frac{d}{dx}$$

이므로

$$\frac{d}{d\theta}=-\sin\theta\frac{d}{dx}$$

또는

$$\frac{1}{\sin\theta}\frac{d}{d\theta}=-\frac{d}{dx}$$

이다. 따라서

$$\begin{aligned}\frac{1}{\sin\theta}\frac{d}{d\theta}\left(\sin\theta\frac{d}{d\theta}P\right)&=\frac{1}{\sin\theta}\frac{d}{d\theta}\left(\sin^2\theta\frac{1}{\sin\theta}\frac{d}{d\theta}P\right)\\&=\frac{1}{\sin\theta}\frac{d}{d\theta}\left((1-\cos^2\theta)\frac{1}{\sin\theta}\frac{d}{d\theta}P\right)\\&=\frac{d}{dx}\left((1-x^2)\frac{d}{dx}\right)P\\&=(1-x^2)P''-2xP'\end{aligned}$$

이 된다. 그러니까 식 (3-9-12)는

$$(1-x^2)P''-2xP'+\lambda P=0 \tag{3-9-13}$$

으로 쓸 수 있다. 르장드르는 뉴턴의 방법을 사용해

$$\lambda = l(l+1) \qquad (l = 0, 1, 2, \cdots)$$

의 꼴일 때 이 미분방정식을 풀 수 있다는 것을 알아냈다. 그는 각각의 l에 대응하는 P를 $P_l(x)$라고 썼다. 즉, 식 (3-9-13)은

$$(1 - x^2)P_l'' - 2xP_l' + l(l+1)P_l = 0 \tag{3-9-14}$$

이다. 예를 들어 $l = 0$이면 식 (3-9-14)는

$$(1 - x^2)P_0'' - 2xP_0' = 0$$

이 되는데 이 식은

$$P_0 = 1$$

이면 풀린다. 다른 예로 $l = 1$이면 식 (3-9-14)는

$$(1 - x^2)P_1'' - 2xP_1' + 2P_1 = 0$$

이 되는데 이 식은

$$P_1 = x$$

이면 풀린다. 이런 방식으로 르장드르는 다음 해들을 구했다.

$$P_0(x) = 1$$

$$P_1(x) = x$$

$$P_2(x) = \frac{3}{2}x^2 - \frac{1}{2}$$

$$P_3(x) = \frac{5}{2}x^3 - \frac{3}{2}x$$

물리군 $P_l(x)$는 l차 다항식이군요.

정교수 맞아. 이 식들을 다음과 같이 쓸 수도 있어.

$$P_l(x) = \frac{1}{2^l l!}\left(\frac{d}{dx}\right)^l (x^2 - 1)^l \qquad (3\text{-}9\text{-}15)$$

예를 들어

$$P_1(x) = \frac{1}{2^1 1!}\left(\frac{d}{dx}\right)(x^2 - 1) = x$$

$$P_2(x) = \frac{1}{2^2 2!}\left(\frac{d}{dx}\right)^2 (x^2 - 1)^2 = \frac{3}{2}x^2 - \frac{1}{2}$$

이 된다네.

물리군 m이 0이 아닐 때는 어떻게 되나요?

정교수 이때의 P는 $P_l^m(x)$로 쓰는데

$$(1 - x^2)(P_l^m)'' - 2x(P_l^m)' + \left[l(l+1) - \frac{m^2}{1 - x^2}\right]P_l^m = 0 \qquad (3\text{-}9\text{-}16)$$

을 만족하지. 르장드르는 엄청나게 긴 계산을 통해

$$P_l^m = (1-x^2)^{\frac{m}{2}} P_l^{(m)} \qquad (3\text{-}9\text{-}17)$$

이 된다는 것을 알아냈어. 그리고 주어진 l에 대해 가능한 m의 범위는

$$-l \leq m \leq l \qquad (3\text{-}9\text{-}18)$$

이라는 것도 발견했지.

물리군 왜 그런 거죠?

정교수 $P_l(x)$는 l 차 다항식이니까 l 번 미분할 때까지는 0이 되지 않지만 $l+1$번 이상 미분하면 0이 돼. 즉, 미분 횟수 m은 l 이하이어야 하네. 그래서

$$m \leq l$$

이지. 그리고 식 (3–9–15)를 식 (3–9–17)에 넣으면

$$P_l^m(x) = \frac{1}{2^l l!}(1-x^2)^{\frac{m}{2}}\left(\frac{d}{dx}\right)^{l+m}(x^2-1)^l$$

이 돼. 여기서 미분 횟수는 $l+m$이야. 미분 횟수는 0 이상이어야 하니까

$$l+m \geq 0$$

으로부터

$$l \geq -m$$

이라네.

물리군　이제 r에 대해서만 풀면 되는군요.

정교수　그렇지. r에 대한 미분방정식은 다음과 같아.

$$\frac{1}{R}\left[\frac{d}{dr}\left(r^2\frac{dR}{dr}\right)+\frac{2\mu r^2}{\hbar^2}(E-V(r))R\right]=l(l+1)$$

이 식을 정리하면

$$r^2\frac{d^2R}{dr^2}+2r\frac{dR}{dr}+\left[k^2r^2-\frac{2\mu r^2}{\hbar^2}V(r)-l(l+1)\right]R=0 \qquad (3\text{-}9\text{-}19)$$

이다. 여기서

$$k=\sqrt{\frac{2\mu|E|}{\hbar^2}} \qquad (3\text{-}9\text{-}20)$$

라고 놓았다. 에너지에 절댓값을 붙인 건 수소 원자 속 전자의 에너지가 음수이기 때문이다.

이제 다음과 같이 놓아 보자.

$$\rho=\alpha r$$

$$\alpha=\sqrt{\frac{8\mu|E|}{\hbar^2}}$$

$$\lambda=\frac{2\mu e^2}{\alpha\hbar^2}=\frac{e^2}{\hbar}\left(\frac{\mu}{2|E|}\right)^{\frac{1}{2}}$$

이때 R는 다음 미분방정식을 만족한다.

$$\frac{1}{\rho^2}\frac{d}{d\rho}\left(\rho^2\frac{dR}{d\rho}\right)+\left[\frac{\lambda}{\rho}-\frac{1}{4}-\frac{l(l+1)}{\rho^2}\right]R=0 \tag{3-9-21}$$

이제

$$R(\rho)=F(\rho)e^{-\frac{\rho}{2}}$$

라고 두면 식 (3-9-21)은

$$F''+\left(\frac{2}{\rho}-1\right)F'+\left(\frac{\lambda-1}{\rho}-\frac{l(l+1)}{\rho^2}\right)F=0 \tag{3-9-22}$$

이 된다.

물리군 이 미분방정식은 어떻게 풀어요?

정교수 뉴턴이 발견한 급수 해법을 이용하면 돼. 그러니까

$$F=\sum_{n=0}^{\infty}a_n\rho^{n+s} \tag{3-9-23}$$

으로 놓고 s를 결정할 거야.

식 (3-9-23)을 식 (3-9-22)에 넣으면

$$\sum_{n=0}^{\infty} a_n(n+s)(n+s-1)\rho^{n+s-2} + 2\sum_{n=0}^{\infty} a_n(n+s)\rho^{n+s-2}$$

$$-\sum_{n=0}^{\infty} a_n(n+s)\rho^{n+s-1} + (\lambda-1)\sum_{n=0}^{\infty} a_n\rho^{n+s-1}$$

$$-l(l+1)\sum_{n=0}^{\infty} a_n\rho^{n+s-2} = 0 \qquad (3\text{–}9\text{–}24)$$

이 된다. 이 중 최저차항의 계수를 보면

$$a_0 s(s-1) + 2a_0 s - l(l+1)a_0 = 0$$

또는

$$s(s+1) - l(l+1) = 0$$

이므로

$$s = l \text{ 또는 } s = -l-1$$

이 된다. 그런데 $s = -l-1$이면

$$F = \frac{1}{\rho^{l+1}}(a_0 + a_1\rho + \cdots)$$

이 되어, ρ가 0으로 갈 때 무한대가 나온다. 이것은 확률이 무한대라는 뜻이니까 성립하지 않는다. 따라서

$$s = l$$

이어야 한다. 이때 식 (3-9-24)에서 ρ^{n+l-2}항의 계수를 비교하면

$$a_n[(n+l)(n+l+1) - l(l+1)] = (l+n-1-\lambda+1)a_{n-1}$$

또는

$$a_{n+1} = \frac{l+n+1-\lambda}{(n+1)(n+2l+2)} a_n \tag{3-9-25}$$

이다. 식 (3-9-23)이 무한급수가 되면 ρ가 0으로 갈 때 무한대가 나오므로 식 (3-9-23)은 다항식이 되어야 한다. 즉, $n = N$인 자연수 N에 대해

$$a_{N+1} = 0$$

이다. 그러면

$$a_{N+2} = a_{N+3} = \cdots = 0$$

이므로 F는 N차 다항식이다. 그러니까

$$\lambda = N + l + 1$$

이어야 한다. 즉, λ는 정수가 되는데 이 정수를 n이라고 하면

$$n = N + l + 1$$

이므로

$$E_n = -|E_n| = -\frac{\mu e^4}{2\hbar^2 n^2} \qquad (n = 1, 2, 3, \cdots) \tag{3-9-26}$$

을 얻을 수 있다. 이제 식 (3-9-22)에서

$$F(\rho) = \rho^l L(\rho)$$

라고 하면

$$\rho L'' + [2(l+1) - \rho]L' + (n - l - 1)L = 0 \tag{3-9-27}$$

이 된다.

물리군 이 미분방정식은 어떻게 풀죠?

정교수 이렇게 복잡한 미분방정식은 양자역학이 나오기 훨씬 전에 프랑스의 수학자 라게르가 풀었다네.

라게르(Edmond Nicolas Laguerre, 1834~1886)

라게르는 다음과 같은 미분방정식을 생각했다.

$$L_{q+1}(x)+(x-1-2q)L_q(x)+q^2L_{q-1}(x)=0 \quad (3\text{-}9\text{-}28)$$

그리고 이 방정식의 해가 q에 따라 달라지며 다음과 같다는 것을 알아냈다.

$$L_0=1$$

$$L_1=1-x$$

$$L_2=x^2-4x+2$$

$$L_3=-x^3+9x^2-18x+6$$

$$L_4=x^4-16x^3+72x^2-96x+24$$

그는 이 다항식을 s번 미분한 것을 L_q^s라고 불렀다.

$$L_q^s=(L_q(x))^{(s)}$$

이때 L_q가 q차 다항식이니까

$$s=0,1,\cdots,q$$

이다. 라게르는 L_q^s가 다음 미분방정식을 만족한다는 것을 발견했다.

$$x(L_q^s)''+(s+1-x)(L_q^s)'+(q-s)L_q^s=0 \quad (3\text{-}9\text{-}29)$$

식 (3-9-27)과 (3-9-29)를 비교하면

$$L(\rho) = L_{n+l}^{2l+1}(\rho)$$

임을 알 수 있다. 그러니까 R는 n과 l에 의존하고

$$R_{nl}(r) = Ce^{-\frac{r}{na_0}}\left(\frac{2r}{na_0}\right)^l L_{n+l}^{2l+1}\left(\frac{2r}{na_0}\right)$$

가 된다. 여기서

$$a_0 = \frac{\hbar^2}{\mu e^2}$$

으로 놓았다. 따라서 파동함수는

$$\psi_{nlm}(r, \theta, \phi) = Ce^{-\frac{r}{na_0}}\left(\frac{2r}{na_0}\right)^l L_{n+l}^{2l+1}\left(\frac{2r}{na_0}\right)P_l^m(\cos\theta)\,e^{im\phi}$$

이다.

물리군　C는 어떻게 구하나요?

정교수　확률의 총합이 1이라는 사실을 이용해야 해. 즉,

$$\int \left|\psi_{nlm}\right|^2 dv = 1$$

로부터 구할 수 있어.

세 개의 양자수로 묘사되는 전자 _ 궤도함수

정교수　앞서 다룬 n을 주 양자수, l을 궤도 양자수(또는 부 양자수), m을 자기 양자수라고 부른다네.

물리군　전자의 에너지는 l, m과는 관계없고 n에만 의존하는군요.

정교수　물론이야. 하지만 수소 원자에 자기장을 걸어주거나 다른 힘을 고려하면 해밀토니안이 달라져서 에너지가 l이나 m에 따라 변할 수 있지.

n에 따라서 결정되는 궤도를 주껍질이라고 한다. 이때 $n = 1$이면 K−껍질, $n = 2$이면 L−껍질, $n = 3$이면 M−껍질로 나타낸다.

$n = 1$이면 $l = 0$, $m = 0$만 허용되는데, 이 경우 전자의 파동함수를 $1s$궤도함수라 하고 ψ_{1s}로 쓴다. 그러니까

$$\psi_{1s} = \psi_{100}$$

이 된다.

$n = 2$이면 $l = 0$과 $l = 1$이 허용되는데, $n = 2$이고 $l = 0$일 때 전자의 파동함수를 $2s$궤도함수라 하고 ψ_{2s}로 쓴다. 즉,

$$\psi_{2s} = \psi_{200}$$

이다.

$n = 2$이고 $l = 1$일 때 전자의 파동함수를 $2p$궤도함수라고 한다. $2p$

궤도에 허용되는 m이 $m = -1, 0, 1$의 세 가지이기 때문에 $2p$궤도함수는 다음과 같이 세 종류이다.

$$\psi_{2p,\, m=1} = \psi_{211}$$

$$\psi_{2p,\, m=0} = \psi_{210}$$

$$\psi_{2p,\, m=-1} = \psi_{21-1}$$

이런 식으로 $l = 0$이면 s궤도, $l = 1$이면 p궤도, $l = 2$이면 d궤도 등으로 부른다.

물리군 주 양자수를 먼저 쓰고 그다음에 l의 값에 따라 s, p, d 등을 붙이면 되는군요.

정교수 맞아. s궤도는 방이 한 개, p궤도는 방이 세 개, d궤도는 방이 다섯 개라고 생각하면 돼. 각 방에 파동함수가 하나씩 들어갈 수 있지.

물리군 이해가 가네요.

자기장 속에서의 슈뢰딩거 방정식 _ 자기력을 받는 전자의 운동

정교수 제이만 효과는 자기장과 관계있어. 그러니까 자기장 속에서 전자의 운동을 다루는 슈뢰딩거 방정식을 만들어야 하네.

물리군 어떻게 만들죠?

정교수　전자는 음의 전기를 띠고 원자핵은 양의 전기를 띠기 때문에 전기력을 받아. 즉, 원자핵이 전기장을 만들고 전자는 그 전기장의 영향을 받지. 원자핵이 만든 전기장을 $\vec{E}$라고 하면, 전자가 전기장에 의해 받는 힘(전기력) $\vec{F_e}$는

$$\vec{F_e} = e\vec{E} \tag{3-11-1}$$

가 돼. 여기서 e는 전자의 전하량일세.

물리군　전자는 음의 전기를 띠고 있으므로 e는 음수이군요.

정교수　맞아. 제이만의 실험은 원자에 자기장을 걸어주는 거야. 따라서 전자는 자기력을 받지. 걸어준 자기장을 $\vec{B}$라고 하면, 전자가 자기장에 의해 받는 힘(자기력) $\vec{F_m}$은 실험을 통해

$$\vec{F_m} = \frac{e}{c}\vec{v} \times \vec{B} \tag{3-11-2}$$

가 된다는 것을 과학자들이 알아냈다네. 여기서 $\vec{v}$는 전자의 속도를 나타내는 벡터이고 c는 빛의 속력이야. 우리는 CGS 단위계를 사용할 걸세.

물리군　자기력의 공식은 누가 찾아냈지요?

정교수　바로 물리학자 앙페르라네.

앙페르는 전류 i가 흐르는 길이 L인 도선에 외부에서 자기장 B가 도선과 수직 방향으로 작용하면, 도선이 받는 자기력의 크기는

$$F_m = \frac{1}{c} iLB \quad (3\text{-}11\text{-}3)$$

라는 것을 발견했다.

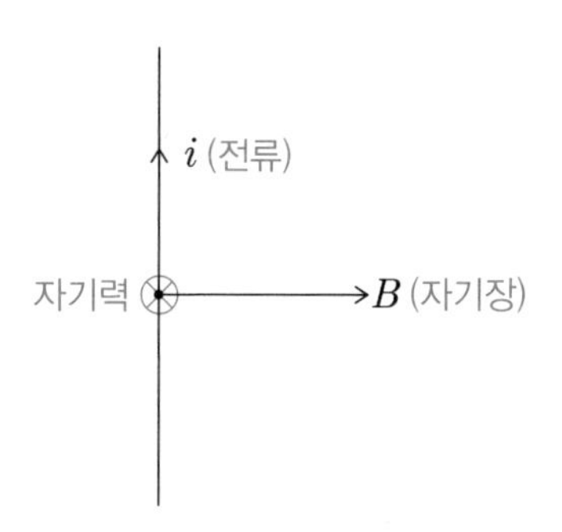

이때 자기력의 방향은 ⊗이다. 즉, 위 그림에서는 책 속으로 들어가는 방향을 뜻한다. 실제로 도선을 따라 전류가 위로 흐르면 전자는 아래로 움직이는 것이다. 하지만 전자가 너무 늦게 발견되어 마치 양전하 q가 위로 올라가는 걸로 전류를 정의했다. 양전하 q가 도선 L을 속도 v로 이동하는 데 걸리는 시간을 t라고 하면

$$L = vt$$

이다. 이 시간 동안 흐른 전류는

$$i = \frac{q}{t}$$

이므로

$$F_m = \frac{1}{c} qvB$$

가 된다.

3차원 공간에서 다음과 같은 두 벡터를 생각하자.

$$\vec{A} = A_x \hat{i} + A_y \hat{j} + A_z \hat{k}$$

$$\vec{B} = B_x \hat{i} + B_y \hat{j} + B_z \hat{k}$$

이때 두 벡터의 외적을 $\vec{A} \times \vec{B}$라고 쓰며 이것은 다시 벡터가 된다.

물리군 앞에서 배운 두 벡터의 내적과는 다르군요.

정교수 그렇지. 두 벡터의 외적의 각 성분은 다음과 같이 정의하네.

$$(\vec{A} \times \vec{B})_x = A_y B_z - A_z B_y$$

$$(\vec{A} \times \vec{B})_y = A_z B_x - A_x B_z$$

$$(\vec{A} \times \vec{B})_z = A_x B_y - A_y B_x$$

만일 두 벡터가 같으면

$$\vec{A} \times \vec{A} = 0$$

이다. 이제 다음 그림을 보자.

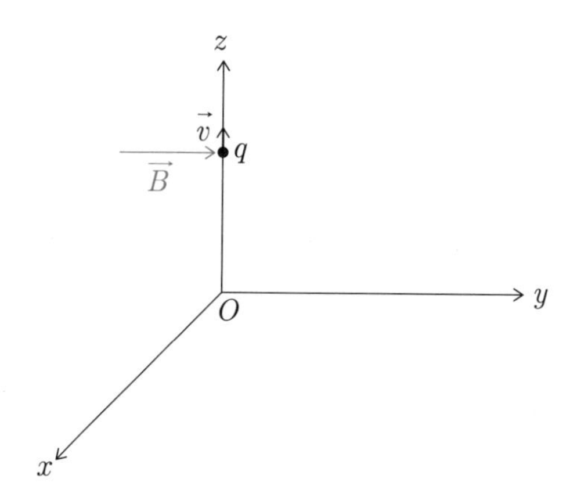

이때 속도의 방향은 z축에서 양의 방향이므로

$$\vec{v} = v\hat{k}$$

이고, 자기장의 방향은 y축에서 양의 방향이므로

$$\vec{B} = B\hat{j}$$

이다. 따라서

$$\vec{v} \times \vec{B} = v\hat{k} \times B\hat{j} = -vB\hat{i}$$

가 되어, 크기는 vB이고 방향은 x축에서 음의 방향이다. 이것은 앞에서 얘기한 자기력의 방향과 같다. 그러니까 자기력은

$$\vec{F_m} = \frac{q}{c}\vec{v} \times \vec{B}$$

라고 쓸 수 있다.

물리군 이 공식은 누가 처음 찾았나요?

정교수 전자를 발견한 톰슨이 1881년 4월 1일에 찾아냈는데, 계산이 틀려서

$$\vec{F}_m = \frac{q}{2c}\vec{v} \times \vec{B} \tag{3-11-4}$$

로 발표했지. 같은 해 4월에 헤비사이드가 톰슨의 계산 실수를 발견하고 공식을 바로잡아 논문으로 게재했다네.

1895년 로런츠는 전하량이 q인 전하가 전기장과 자기장 속에서 움직이면 전기력과 자기력을 동시에 받는다는 것을 알아냈지. 이 힘을 전자기력 또는 로런츠 힘이라고 하는데 다음과 같이 나타낼 수 있어.

$$\vec{F} = \vec{F}_e + \vec{F}_m$$

$$= q\left(\vec{E} + \frac{1}{c}\vec{v} \times \vec{B}\right) \tag{3-11-5}$$

물리군 전기장과 자기장은 맥스웰 방정식을 만족하죠?

정교수 맞아. 빈 공간(전하와 전류가 없는 공간)을 생각해 볼까? 이때 $\rho = 0, \vec{J} = 0$이니까 맥스웰 방정식은 다음과 같아.

$$\vec{\nabla}\cdot\vec{E}=0$$

$$\vec{\nabla}\times\vec{E}=-\frac{1}{c}\frac{\partial\vec{B}}{\partial t}$$

$$\vec{\nabla}\cdot\vec{B}=0$$

$$\vec{\nabla}\times\vec{B}=\frac{1}{c}\frac{\partial\vec{E}}{\partial t} \tag{3-11-6}$$

식 (3-11-6)의 세 번째 식을 보게. 이 식은 어떤 벡터 $\vec{A}$에 대해

$$\vec{B}=\vec{\nabla}\times\vec{A}$$

로 나타낼 수 있으면 만족한다네.

물리군 왜 그렇죠?

정교수 그 이유를 설명해 볼게.

벡터의 내적과 외적에 대해서는 다음 등식이 성립한다.

$$\vec{A}\cdot(\vec{B}\times\vec{C})=(\vec{A}\times\vec{B})\cdot\vec{C}$$

이 식에서 $\vec{A}=\vec{B}\to\vec{\nabla}$, $\vec{C}\to\vec{A}$라고 하면

$$\vec{\nabla}\cdot(\vec{\nabla}\times\vec{A})=(\vec{\nabla}\times\vec{\nabla})\cdot\vec{A}$$

가 되는데, 같은 벡터의 외적은 0이므로

$$\vec{\nabla} \cdot (\vec{\nabla} \times \vec{A}) = 0$$

이다. 이것과 맥스웰 방정식을 비교하면 $\vec{B} = \vec{\nabla} \times \vec{A}$가 된다. 이때 $\vec{A}$를 벡터퍼텐셜이라고 부른다. 벡터퍼텐셜과 자기장의 관계는 다음과 같다.

$$B_x = \partial_y A_z - \partial_z A_y$$

$$B_y = \partial_z A_x - \partial_x A_z$$

$$B_z = \partial_x A_y - \partial_y A_x \tag{3-11-7}$$

이제 우리는 일정한 크기와 방향을 갖는 자기장을 수소 원자에 가하는 경우를 생각할 것이다. 이때 자기장의 방향을 z축으로 선택해도 상관없다. 그러면

$$\vec{B} = B\hat{k}$$

이다. 여기서 자기장 B는 일정한 값이다. 따라서

$$B_x = 0$$

$$B_y = 0$$

$$B_z = B$$

로 쓸 수 있다. 이때 위치벡터가 $\vec{r}$인 곳에서의 벡터퍼텐셜은 다음과

같다.

$$\vec{A} = \frac{1}{2}\vec{B} \times \vec{r} \tag{3-11-8}$$

물리군 그건 왜죠?

정교수 하나씩 계산하면

$$A_x = \frac{1}{2}(B_y z - B_z y) = -\frac{1}{2}By$$

$$A_y = \frac{1}{2}(B_z x - B_x z) = \frac{1}{2}Bx$$

$$A_z = \frac{1}{2}(B_x y - B_y x) = 0$$

이라네. 이때

$$B_x = 0$$

$$B_y = 0$$

$$B_z = B$$

를 얻을 수 있거든.

물리군 그렇군요.

정교수 이제 전자가 전자기력을 받을 때 해밀토니안을 만들어야 해. 전자는 원자핵으로부터 전기력을 받아. 이 힘은 인력이지. 핵으로부터 거리 r만큼 떨어진 곳에서 전자의 전기퍼텐셜을 U라고 하면, 이 위치에서의 전기장 $\vec{E}$는

$$\vec{E} = -\vec{\nabla} U \tag{3-11-9}$$

라네. 그러니까 로런츠 힘은

$$\begin{aligned}\vec{F} &= e\left(\vec{E} + \frac{1}{c}\vec{v} \times \vec{B}\right) \\ &= e\left(-\vec{\nabla} U + \frac{1}{c}\vec{v} \times \vec{B}\right)\end{aligned} \tag{3-11-10}$$

가 되지. 이 힘에 대한 라그랑지안과 해밀토니안을 구해야 해.

물리군 어떻게 구하나요?

정교수 질량이 μ이고 전하량이 e인 전자가 자기장 $\vec{B}$ 속에서 속도 $\vec{v}$로 움직이면 이 입자는 로런츠 힘을 받지. 따라서 뉴턴의 운동방정식을 각 성분에 대해서 쓰면 다음과 같아.

$$\mu\ddot{x} = -e\partial_x U + \frac{e}{c}(\vec{v} \times \vec{B})_x$$

$$\mu\ddot{y} = -e\partial_y U + \frac{e}{c}(\vec{v} \times \vec{B})_y$$

$$\mu\ddot{z} = -e\partial_z U + \frac{e}{c}(\vec{v} \times \vec{B})_z \tag{3-11-11}$$

여기서

$$(\vec{v}\times\vec{B})_x = v_y B_z - v_z B_y$$

$$= v_y(\partial_x A_y - \partial_y A_x) - v_z(\partial_z A_x - \partial_x A_z) \qquad (3\text{–}11\text{–}12)$$

인데,

$$\partial_x(v_y A_y) = v_y \partial_x A_y$$

$$\partial_x(v_z A_z) = v_z \partial_x A_z$$

이므로 식 (3–11–12)는

$$(\vec{v}\times\vec{B})_x = \partial_x(v_y A_y) - v_y \partial_y A_x - v_z \partial_z A_x + \partial_x(v_z A_z)$$

$$= \partial_x(v_y A_y + v_z A_z) - v_y \partial_y A_x - v_z \partial_z A_x$$

$$= \partial_x(v_x A_x + v_y A_y + v_z A_z - v_x A_x) - v_y \partial_y A_x - v_z \partial_z A_x$$

$$= \partial_x(\vec{v}\cdot\vec{A}) - v_x \partial_x A_x - v_y \partial_y A_x - v_z \partial_z A_x$$

가 된다. 한편

$$\frac{dA_x}{dt} = \partial_x A_x \frac{dx}{dt} + \partial_y A_x \frac{dy}{dt} + \partial_z A_x \frac{dz}{dt}$$

$$= (\partial_x A_x) v_x + (\partial_y A_x) v_y + (\partial_z A_x) v_z$$

이므로

$$(\vec{v} \times \vec{B})_x = \partial_x (\vec{v} \cdot \vec{A}) - \frac{dA_x}{dt}$$

가 되어, 식 (3-11-11)의 첫 번째 식은

$$\frac{d}{dt}\left(\mu v_x + \frac{e}{c} A_x\right) = \partial_x \left(-eU + \frac{e}{c} \vec{v} \cdot \vec{A}\right) \tag{3-11-13}$$

로 나타낼 수 있다. 마찬가지로

$$\frac{d}{dt}\left(\mu v_y + \frac{e}{c} A_y\right) = \partial_y \left(-eU + \frac{e}{c} \vec{v} \cdot \vec{A}\right) \tag{3-11-14}$$

$$\frac{d}{dt}\left(\mu v_z + \frac{e}{c} A_z\right) = \partial_z \left(-eU + \frac{e}{c} \vec{v} \cdot \vec{A}\right) \tag{3-11-15}$$

이다. 이때

$$L = \frac{1}{2} \mu (v_x^2 + v_y^2 + v_z^2) + \frac{e}{c} \vec{v} \cdot \vec{A} - eU$$

라고 놓으면

$$\mu v_x + \frac{e}{c} A_x = \partial_{v_x} L$$

이고

$$\partial_x L = \partial_x \left(-eU + \frac{e}{c} \vec{v} \cdot \vec{A}\right)$$

가 되므로, 식 (3-11-13)은

$$\frac{d}{dt}(\partial_{v_x}L) = \partial_x L$$

로 쓸 수 있다. 같은 방법으로

$$\frac{d}{dt}(\partial_{v_y}L) = \partial_y L$$

$$\frac{d}{dt}(\partial_{v_z}L) = \partial_z L$$

이 된다. 따라서 L은 로런츠 힘이 작용할 때의 라그랑지안이다. 여기서 운동량의 각 성분은

$$p_x = \frac{\partial L}{\partial v_x} = \mu v_x + \frac{e}{c}A_x$$

$$p_y = \frac{\partial L}{\partial v_y} = \mu v_y + \frac{e}{c}A_y$$

$$p_z = \frac{\partial L}{\partial v_z} = \mu v_z + \frac{e}{c}A_z$$

이므로 로런츠 힘에 대한 해밀토니안은

$$H = v_x p_x + v_y p_y + v_z p_z - L$$

$$= \frac{1}{2}\mu(v_x^2 + v_y^2 + v_z^2) + eU$$

$$= \frac{1}{2\mu}\left[\left(p_x - \frac{e}{c}A_x\right)^2 + \left(p_y - \frac{e}{c}A_y\right)^2 + \left(p_z - \frac{e}{c}A_z\right)^2\right] + eU$$

이다.

물리군 이 해밀토니안을 연산자로 바꾸면 전기장과 자기장 속의 전자를 양자역학으로 묘사할 수 있겠군요.

정교수 맞아. 그러니까 슈뢰딩거 방정식은

$$H\psi = E\psi$$

가 되지. 여기서 해밀토니안은

$$H = \frac{1}{2\mu}(\vec{p} - e'\vec{A}) \cdot (\vec{p} - e'\vec{A}) + V$$

로 쓰면 돼. 이때 $eU = V$는 전자와 양성자 사이의 전기력에 대한 퍼텐셜 에너지라네.

$$V = -\frac{e^2}{r}$$

그리고 식이 너무 지저분해서

$$e' = \frac{e}{c}$$

로 두었어.

물리군 슈뢰딩거 방정식이 매우 복잡해졌네요.

정교수 자기장이 있어서 그렇지. 천천히 계산해 볼까?

주어진 식에서

$$(\vec{p}-e'\vec{A})\cdot(\vec{p}-e'\vec{A})=\vec{p}\cdot\vec{p}-e'(\vec{p}\cdot\vec{A}+\vec{A}\cdot\vec{p})+e'^2\vec{A}\cdot\vec{A}$$

이다. $\vec{p}$가 연산자라는 것을 명심해서 계산하면

$$\vec{p}\cdot\vec{A}\psi=\frac{\hbar}{i}\vec{\nabla}\cdot(\vec{A}\psi)$$

$$=\frac{\hbar}{i}\left[(\vec{\nabla}\cdot\vec{A})\psi+\vec{A}\cdot\vec{\nabla}\psi\right]$$

$$=\frac{\hbar}{i}(\vec{\nabla}\cdot\vec{A})\psi+\vec{A}\cdot\vec{p}\psi$$

가 된다. 그런데 앞에서 구한 A_x, A_y, A_z로부터

$$\vec{\nabla}\cdot\vec{A}=0$$

이므로 전기장과 자기장이 있을 때 해밀토니안은

$$H=\frac{1}{2\mu}\vec{p}^{\,2}+V-\frac{e'}{\mu}\vec{A}\cdot\vec{p}+\frac{e'^2}{2\mu}\vec{A}^{\,2}$$

이 된다. 여기서

$$\vec{A}\cdot\vec{p}=\frac{1}{2}\vec{B}\times\vec{r}\cdot\vec{p}$$

$$=\frac{1}{2}\vec{B}\cdot\vec{r}\times\vec{p}$$

$$=\frac{1}{2}\vec{B}\cdot\vec{L}$$

$$\vec{A}^2 = B^2 r^2$$

이다. 그러므로 해밀토니안은 다음과 같다.

$$H = \frac{1}{2\mu}\vec{p}^2 + V - \frac{e'}{2\mu}BL_z + \frac{e'^2}{8\mu}B^2 r^2$$

제이만 효과 실험은 자기장이 그리 크지 않은 경우에 대해 이루어졌다. 이때 $\frac{e'^2}{8\mu}B^2 r^2$은 $\frac{e'}{2\mu}BL_z$에 비해 너무 작아서 무시할 수 있다. 그러면 해밀토니안은

$$H = \frac{1}{2\mu}\vec{p}^2 + V - \frac{e'}{2\mu}BL_z$$

이고 슈뢰딩거 방정식은

$$\left(\frac{1}{2\mu}\vec{p}^2 + V - \frac{e'}{2\mu}BL_z\right)\psi = E\psi$$

가 된다. 전자가 (n, l, m) 상태에 있을 때 파동함수는 ψ_{nlm}이다. 자기장이 없으면

$$\left(\frac{1}{2\mu}\vec{p}^2 + V\right)\psi = E\psi$$

로부터

$$E = E_n = -\frac{\mu e^4}{2\hbar^2 n^2}$$

이 된다. 그러니까 자기장이 없을 때 전자의 에너지는 l, m과 아무 관계가 없다. 즉, n이 같으면 모두 같은 에너지를 갖는다. 하지만 자기장이 있는 경우에는

$$L_z \psi_{nlm} = m\hbar \psi_{nlm}$$

이므로 전자의 에너지는

$$E = E_{n,m} = -\frac{\mu e^4}{2\hbar^2 n^2} - \frac{eB\hbar}{2\mu c} m$$

이 되어, m의 값에 따라 달라진다. 여기서 e가 음수이니까 이 식은

$$E = E_{n,m} = -\frac{\mu e^4}{2\hbar^2 n^2} + \frac{|e|B\hbar}{2\mu c} m$$

이다. 이것이 바로 정상 제이만 효과를 설명한다.

물리군　왜 정상 제이만 효과를 설명해 주는지 잘 모르겠어요.

정교수　$2p$궤도에 있는 전자가 $1s$궤도로 내려오는 경우를 생각해 보게. $2p$궤도에서 전자의 파동함수는 ψ_{211} 또는 ψ_{210} 또는 ψ_{21-1}의 세 종류야. 이들은 $n = 2$로 같으니까 자기장이 걸리지 않으면 같은 에너지를 갖지.

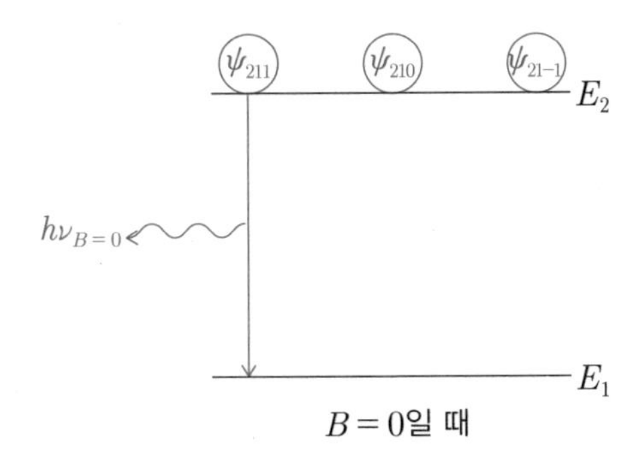

$B=0$일 때

그러므로 이 전자가 1s궤도로 내려올 때 방출하는 빛의 진동수는 세 가지 경우 모두 같아. 2p궤도의 에너지와 1s궤도의 에너지 차이를 ϵ이라 하고, 이때 방출하는 빛의 진동수를 $\nu_{B=0}$이라고 하면

$$h\nu_{B=0}=\epsilon$$

또는

$$\nu_{B=0}=\frac{\epsilon}{h}$$

이야. 즉, 파동함수가 각각 ψ_{211}, ψ_{210}, ψ_{21-1}인 전자가 1s궤도로 내려올 때 방출하는 빛의 진동수는 모두 같다네.

물리군 자기장을 걸어주면 다른 진동수의 빛을 방출하나요?

정교수 물론이야. ψ_{211}은 $m=1$이고 ψ_{210}은 $m=0$, ψ_{21-1}은 $m=-1$이므로 전자의 파동함수가 ψ_{211}, ψ_{210}, ψ_{21-1}일 때의 에너지는 각각

$$E_{2,1} = -\frac{\mu e^4}{2\hbar^2 2^2} + \frac{|e|B\hbar}{2\mu c}$$

$$E_{2,0} = -\frac{\mu e^4}{2\hbar^2 2^2}$$

$$E_{2,-1} = -\frac{\mu e^4}{2\hbar^2 2^2} - \frac{|e|B\hbar}{2\mu c}$$

가 돼. 여기서

$$a = \frac{|e|B\hbar}{2\mu c}$$

라고 두면, 파동함수가 ψ_{211}인 전자가 1s궤도로 내려올 때 방출하는 빛의 진동수 $\nu_{m=1}$은

$$\nu_{m=1} = \frac{\epsilon + a}{h}$$

라네. 그리고 파동함수가 ψ_{210}인 전자가 1s궤도로 내려올 때 방출하는 빛의 진동수 $\nu_{m=0}$은

$$\nu_{m=0} = \frac{\epsilon}{h}$$

이야. 파동함수가 ψ_{21-1}인 전자가 1s궤도로 내려올 때 방출하는 빛의 진동수 $\nu_{m=-1}$은

$$\nu_{m=-1} = \frac{\epsilon - a}{h}$$

가 되지.

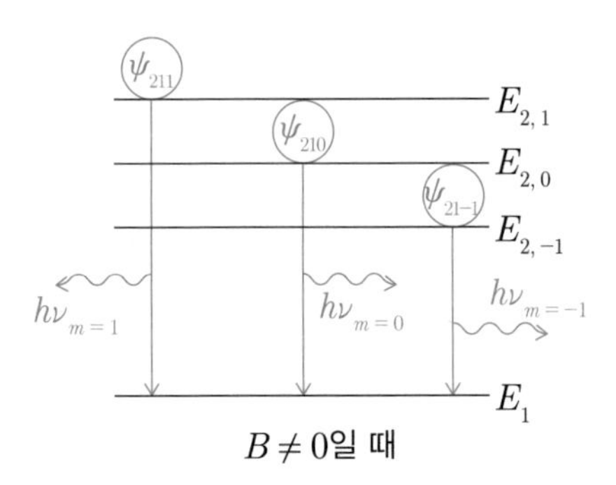

$B \neq 0$일 때

즉, 자기장을 걸어주면 방출하는 빛의 진동수의 종류가 더 많아진다네. 그러니까 선스펙트럼이 더 많이 생기는 정상 제이만 효과를 잘 설명하는 것이지.

물리군 그렇군요.

네 번째 만남

●

스핀의 탄생

제4의 양자수 등장 _비정상 제이만 효과를 설명하는 물리 모델

정교수 정상 제이만 효과는 자기장 속에서의 슈뢰딩거 방정식을 이용해서 해결되었어. 하지만 이 모델을 비정상 제이만 효과에 적용하지는 못했지.

물리군 그건 왜죠?

정교수 자기장 속에서 슈뢰딩거 방정식을 적용했을 때, 제이만이 발견한 선스펙트럼은 모두 설명할 수 있었지만 프레스턴이 추가로 발견한 선스펙트럼, 다시 말해 비정상 제이만 효과를 설명할 수는 없었지. 이제 물리학자들은 비정상 제이만 효과를 나타내는 물리 모델을 만들어야 했네.

1920년 세 개의 양자수 n, l, m을 발견한 조머펠트는 세 개의 양자수로 정상 제이만 효과를 설명할 수는 있지만 비정상 제이만 효과를 설명하기 위해서는 또 하나의 양자수가 필요하다는 것을 알아냈지. 그는 이 양자수를 s라고 불렀는데 이것이 바로 제4의 양자수라네.

물리군 양자수 s는 무엇을 의미하나요?

정교수 조머펠트는 이 양자수의 의미를 알지 못했어. 사실 이 시기는 불확정성원리나 슈뢰딩거 방정식이 나오기 전이거든.

물리군 제4의 양자수 s도 정수인가요?

정교수 그 문제를 생각한 사람은 독일의 물리학자 란데일세. 그를 잠깐 소개하도록 하지.

란데(Alfred Landé, 1888~1976)

란데는 1888년 12월 13일 독일 라인란트주 엘버펠트(현재 부퍼탈 시의 일부)에서 태어났다. 그는 뮌헨 대학에서 물리학을 공부했으며, 그의 지도 교수는 조머펠트였다. 1913년 그는 조머펠트의 추천으로 괴팅겐 대학의 조교가 되었고, 그곳에서 막스 보른과 친하게 지냈다. 당시는 보어의 원자모형이 인기를 끄는 시대였다.

제1차 세계대전이 시작되기 2주 전, 란데는 뮌헨 대학의 조머펠트 밑에서 박사 학위를 취득했다. 그리고 적십자에 들어가 동부전선에서 2년 동안 복무한 후 보른의 초대를 받아 군대의 과학 부서 중 하나인 포병 시험 위원회에 합류했다. 그는 이곳에서 소리 범위로 포병 위치를 파악하는 작업 외에도 결정의 응집력과 압축성을 조사했다.

그 후 7년 동안 란데는 집중적으로 원자 구조를 연구했다. 한편 1916년부터 조머펠트는 일반적인 양자화 규칙을 형성하기 위해 새로운 원자 이론을 적용하기 시작했다.

1919년에 란데는 잠시 분광학을 연구했다. 그는 여러 개의 전자를 가진 원자의 문제, 특히 가장 간단한 경우인 헬륨의 스펙트럼에 관심을 돌렸다. 그때까지만 해도 헬륨의 분광학은 파셴(Friedrich Paschen)에 의한 실험 결과는 있었지만 이론적 해석은 존재하지 않았다.

스펙트럼에서는 마치 헬륨이 두 개의 서로 다른 물질로 이루어진 것처럼 보였다. 원자의 스펙트럼 조사를 통해 1921년, 란데는 조머펠트가 발견한 제4의 양자수가 정수가 아니라 다음과 같은 반정수가 되어야 한다는 것을 알아냈다.

$$\frac{1}{2}, \frac{3}{2}, \frac{5}{2}, \cdots$$

물리군 분모가 2이고 분자가 홀수인 분수를 반정수라고 부르는군요.

정교수 그렇다네.

제4의 양자수 발견 _ 슈테른과 게를라흐의 실험

정교수 이제 제4의 양자수를 찾는 실험에 뛰어든 과학자들의 이야기를 해 보겠네. 이 실험은 독일의 슈테른과 게를라흐에 의해 이루어지지.

슈테른(Otto Stern, 1888~1969, 1943년 노벨 물리학상 수상)

슈테른은 독일 슐레지엔 지방 소라우(현재 폴란드의 조리)의 유대인 가정에서 태어났다. 그는 1912년에 브레슬라우 대학에서 농축 용액의 삼투압 운동 이론에 관한 논문으로 물리화학 박사 학위를 받았다. 그 후 아인슈타인을 따라 프라하의 카를로바 대학으로, 1913년에는 취리히 연방 공과대학(ETH)으로 진학했다.

제1차 세계대전에 참전한 슈테른은 러시아 전선에서 기상학적 업무를 수행하면서 연구를 계속했다. 1915년 그는 프랑크푸르트 대학에서 대학교수 자격을 취득했다. 1921년에는 로스토크 대학의 교수가 되었고, 1923년 함부르크 대학에 새로 설립된 물리화학 연구소의 이사가 되었다.

1922년은 슈테른의 가장 위대한 실험이 이루어진 해이다. 그해 2월 그는 프랑크푸르트암마인에서 동료 게를라흐와 함께 제4의 양자수를 발견하는 실험을 했다. 이를 슈테른·게를라흐 실험이라고 부른다.

물리군 어떤 실험이죠?

정교수 슈테른과 게를라흐는 은 원자 빔을 비균일 자기장에 통과시키는 실험을 했어.

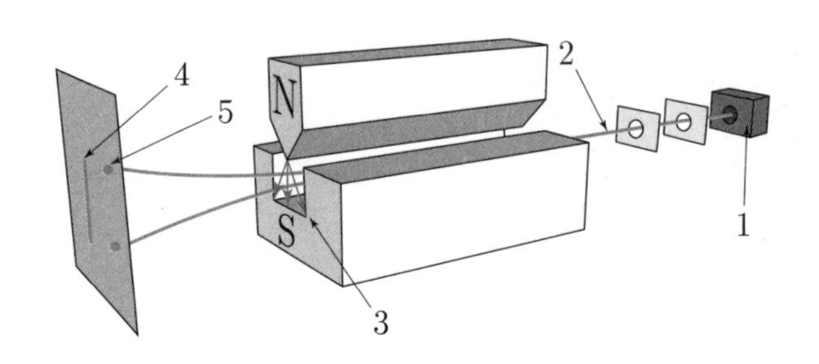

그림에서 1은 은 원자 빔 발생 장치이고 2는 은 원자 빔, 3은 비균일 자기장을 나타내네. 은은 원자번호 47이므로 47개의 전자를 가지고 있지. 만일 제4의 양자수가 없다면 은 원자 빔은 4번처럼 연속적인 모습으로 관측될 걸세. 하지만 결과는 5번처럼 위아래의 두 지점에서만 관측되었어. 이를 통해 제4의 양자수는 자기장과 관련이 있다는 것을 알게 되었네.

물리군 자기장과 관련 있는 양자수로 m이 있잖아요? 그런데 왜 제4의 양자수가 필요하나요?

정교수 슈테른·게를라흐 실험에서 은 원자 속의 전자는 바닥상태야. 그러면 $l = 0$이므로 $m = 0$이 되지. 그러니까 이러한 갈라짐은 m과는 관계없어. 제4의 양자수가 있어서 그것이 두 개의 서로 다른 값을 가져야만 이 문제를 설명할 수 있다네.

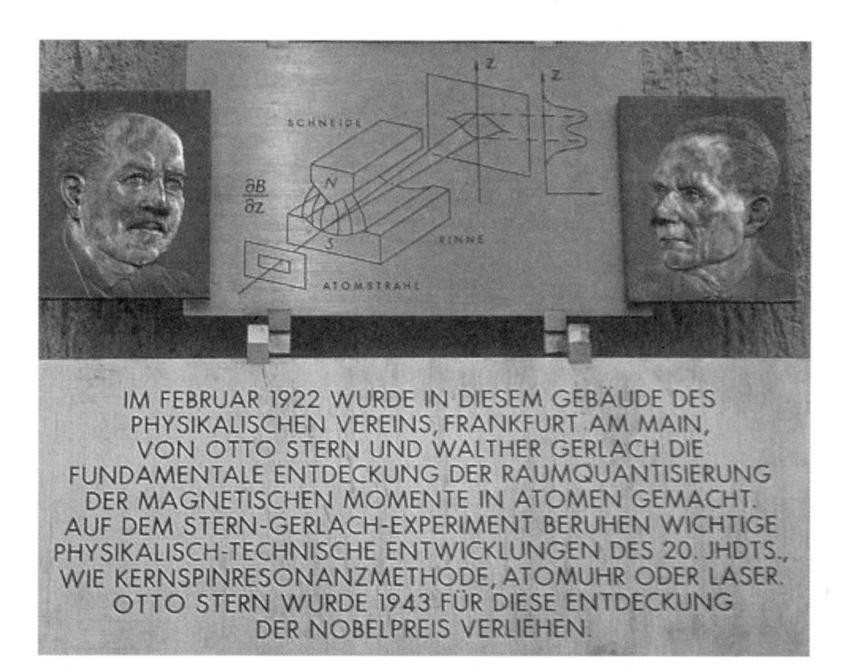

슈테른 · 게를라흐 실험을 기념하는 명패(출처: Peng/Wikimedia Commons)

물리군　그렇군요.

파울리의 배타원리 _ 하나의 상태에 있을 수 없다

정교수　그럼 제4의 양자수를 가지는 물리학을 완벽하게 기술해 노벨 물리학상을 받은 파울리를 소개하겠네.

파울리(Wolfgang Ernst Pauli, 1900~1958, 1945년 노벨 물리학상 수상)

파울리는 오스트리아 빈에서 태어났다. 그의 아버지는 화학자인 요제프 파울리(Wolfgang Joseph Pauli, 1869~1955)이고, 여동생은 작가이자 배우인 헤르타 파울리(Hertha Pauli)이다. 파울리의 중간 이름은 그의 대부이자 물리학자인 마흐(Ernst Mach)를 기리기 위해 주어졌다.

빈의 되블링거 김나지움에 다닌 파울리는 1918년에 학교를 우수한 성적으로 졸업했다. 그리고 두 달 후 일반상대성이론에 관한 첫 번째 논문을 발표했다. 그는 뮌헨의 루트비히-막시밀리안 대학에 다녔으며 이때 스승은 조머펠트였다. 이곳에서 파울리는 이온화된 이원자 수소의 양자 이론에 대한 논문으로 1921년 7월 박사 학위를 받았다.

조머펠트 교수는 파울리에게 《수리과학 백과사전》의 상대성이론을 검토해 달라고 요청했다. 박사 학위를 받은 지 두 달 후, 파울리는 237쪽에 달하는 기사를 완성했고 아인슈타인은 파울리를 극찬했다.

파울리는 괴팅겐 대학에서 막스 보른(Max Born) 교수의 조수로 1년을 보냈고, 다음 해에는 코펜하겐의 이론물리학 연구소(훗날 닐스 보어 연구소)에서 일했다. 1923년부터 1928년까지 함부르크 대학의 교수로 재직하는 동안 그는 양자역학 이론 발전에 중요한 역할을 했다. 1928년에는 스위스 취리히 공과대학(ETH)의 이론물리학 교수가 되었고, 1931년 미시간 대학, 1935년 프린스턴 고등연구소에서 객원교수직을 역임했다.

제4의 양자수에 관심을 가졌던 파울리는 1925년, '파울리의 배타원리'를 발표한다. 제4의 양자수가 두 개의 값을 가지는데, 이 두 값이 다르면 전자는 (n, l, m)이 같더라도 같은 상태에 있을 수 있다는 것을 알아냈다. 하지만 제4의 양자수가 같은 전자는 하나의 (n, l, m) 상태에 있을 수 없다.

한편 1925년에 울렌벡(George E. Uhlenbeck)과 하우드스밋(Samuel Goudsmit)은 제4의 양자수는 각운동량과 관계있다고 생각했다.

물리군 (n, l, m) 중에서 l과 m은 전자의 각운동량과 관계있잖아요? 그런데 제4의 양자수는 어떤 각운동량과 관계있다는 거죠?

정교수 l과 m은 각운동량 연산자와 관계있어. 여기서 각운동량은 위치벡터와 운동량벡터의 곱으로 정의하지. 울렌벡과 하우드스밋은 이렇게 정의하는 각운동량 외에 제4의 양자수와 관련 있는 각운동량이 존재할 거라고 생각했지.

울렌벡과 하우드스밋은 전자가 기존의 각운동량 외에 제4의 양자수와 관련된 각운동량을 가진다는 내용을 담은 논문을 지도 교수인 에렌페스트에게 건넸다. 에렌페스트는 두 사람에게 전자 이론의 권위자인 로런츠와 이 논문에 대한 이야기를 나누어 보라고 권했다. 둘은 로런츠에게 논문을 보냈고 로런츠는 다음과 같이 말했다.

"전자가 새로운 각운동량을 가지는 것은 불가능합니다. 만약 전자가 새로운 각운동량을 가진다면 빛보다 속력이 빨라질 겁니다."

– 로런츠

물론 로런츠의 생각은 틀린 것이었다. 에렌페스트는 로런츠의 의견을 무시하고 울렌벡과 하우드스밋의 논문을 저널에 투고했고, 이 논문은 《자연과학(Naturwissenschaften)》이라는 저널에 게재되었다.

파울리는 제4의 양자수가 두 개의 값만을 가지며, 이를 공 모양의 전자가 반시계 방향 또는 시계 방향으로 자전하는 것에 비유했다. 이러한 자전을 영어로 스핀(spin)이라고 한다. 또한 파울리는 새로운 양자수를 스핀 양자수, 이것과 관계된 각운동량 연산자를 스핀 각운동량 연산자 또는 줄여서 스핀 연산자라고 불렀다.

물리군 실제로 전자가 자전하나요?

정교수 그렇지는 않아. 스핀 각운동량 연산자의 고윳값이 두 개인데 이것을 두 방향으로의 자전에 비유한 것뿐이야.

파울리는 반시계 방향으로 자전하는 것에 비유할 때, 오른손으로 감아쥐면 엄지손가락의 방향이 위쪽이므로 전자가 이런 상태에 있을 때를 스핀업(spin-up)으로 불렀다. 반대로 시계 방향으로 자전하는 것에 비유할 때, 오른손으로 감아쥐면 엄지손가락의 방향이 아래쪽이므로 전자가 이런 상태에 있을 때를 스핀다운(spin-down)이라고 했다. 파울리의 재치가 돋보이는 비유이다.

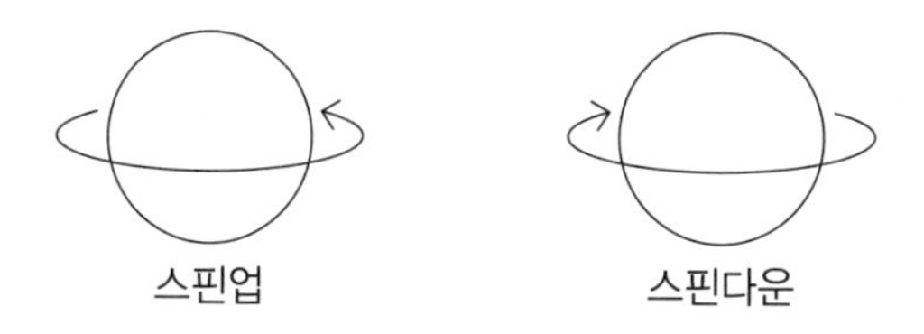

전자의 스핀 상태를 엄지손가락 방향으로 나타내기도 한다. 즉, 스핀업 전자는 ↑로, 스핀다운 전자는 ↓로 표현한다.

물리군 전자가 원자핵 주위에 채워지는 규칙이 있나요?

정교수 물론이야. 그것을 알아낸 사람은 독일의 물리학자 훈트일세. 그의 연구에 대해 알아보기로 하겠네.

훈트(Friedrich Hermann Hund, 1896~1997,
출처: GFHund/Wikimedia Commons)

훈트는 독일 카를스루에에서 태어났다. 그는 마르부르크 대학과 괴팅겐 대학에서 수학, 물리학, 지리학을 공부한 후 괴팅겐 대학에서 보른의 제자가 되었다. 그리고 로스토크 대학, 라이프치히 대학, 예나 대학, 프랑크푸르트 대학, 괴팅겐 대학에서 물리학 교수 생활을 했다.

그는 원자 속에서 전자가 채워지는 규칙인 훈트의 규칙을 처음 발견한 것으로 유명하다. 그 외에도 멀리컨(Robert S. Mulliken, 1966년 노벨 화학상 수상)과 함께 원자 구조와 분자 스펙트럼에 관한 양자 이론에 중추적인 기여를 했다. 실제로 1966년 분자궤도 이론으로 노벨 화학상을 수상한 멀리컨은 항상 훈트의 연구가 자신에게 큰 영향을 미쳤으며 기꺼이 훈트와 노벨상을 공유했을 것이라고 선언했다. 훈트는 훌륭한 연구 결과를 냈지만 노벨상과는 인연이 없었다.

1929년 멀리컨과 훈트(출처: GFHund/Wikimedia Commons)

물리군 훈트의 규칙이 뭔가요?

정교수 훈트는 파울리의 배타원리와 궤도 이론을 합쳐서 전자가 채워지는 규칙을 찾아냈어. 그 내용을 자세히 설명해 보겠네.

세 번째 만남에서 우리는 전자가 $1s$궤도에 있을 때 전자의 파동함수를 ψ_{1s}라고 불렀다. 그런데 스핀을 고려하면 $1s$궤도에는 스핀업 전자와 스핀다운 전자가 있을 수 있다. 그러니까 $1s$궤도를 하나의 방처럼 생각하면 전자는 최대 2개까지 채워진다. 하지만 같은 스핀업 전자 두 개 또는 스핀다운 전자 두 개가 들어갈 수는 없고, 스핀업 전자와 스핀다운 전자는 하나의 방에 같이 있을 수 있다.

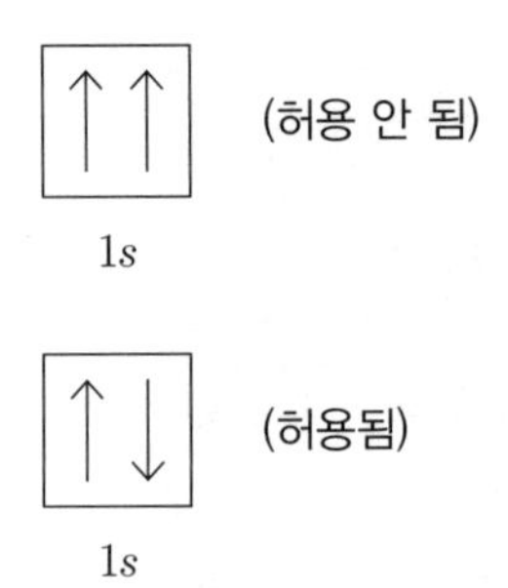

s궤도는 $m = 0$뿐이므로 방이 하나이다. 즉, $2s$궤도에도 스핀업 전자와 스핀다운 전자가 들어갈 수 있다.

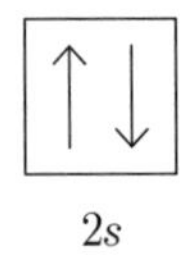

훈트는 원자가 바닥상태에 있을 때 $1s$가 모두 채워지고 그다음은 $2s$, 그다음은 $2p$, $3s$, $3p$, … 등의 순서로 채워진다는 것을 알아냈다. 따라서 수소와 헬륨의 전자 배치를 그림으로 나타내면 다음과 같다.

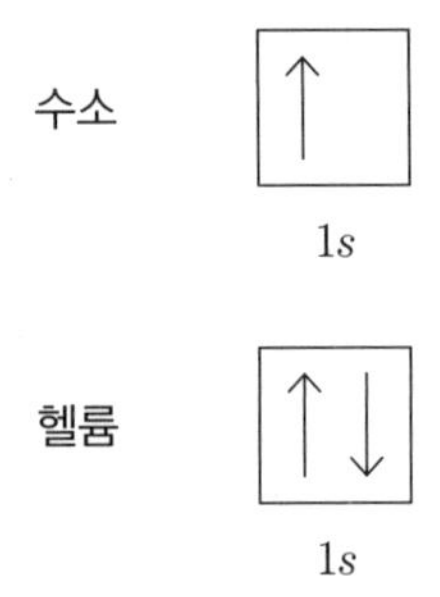

원자번호 3인 리튬과 4인 베릴륨을 보자. $1s$가 모두 채워졌으니까 $2s$, $2p$, $3s$, $3p$, ⋯ 등의 순서로 채울 수 있다. 즉, 리튬과 베릴륨의 전자 배치는 다음과 같다.

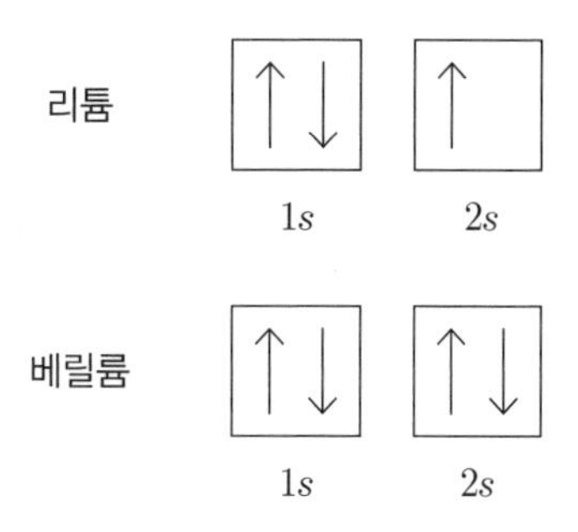

원자번호 5인 붕소를 생각하자. 이 경우는 $1s$, $2s$가 모두 채워져 있으니까 나머지 하나의 전자는 $2p$에 들어가야 한다. 그런데 p궤도는 $m = -1, 0, 1$의 세 가지가 가능하므로 방이 세 개 있다고 보아야 한다. 하나의 방에는 스핀이 반대인 두 개의 전자가 최대로 들어갈 수 있다. 이때 세 개의 방을 채우는 규칙은 각각의 방에 먼저 스핀업 전자를 채우고 모두 채워지면 첫 번째 방부터 스핀다운 전자를 채우는 것이다.

예를 들어 질소를 보자. 질소는 전자가 7개이다. 그러니까 $1s$ 방에 2개, $2s$ 방에 2개를 채우면 남는 전자는 3개이다. 이 3개의 전자가 $2p$ 궤도의 세 개의 방에 하나씩 들어간다.

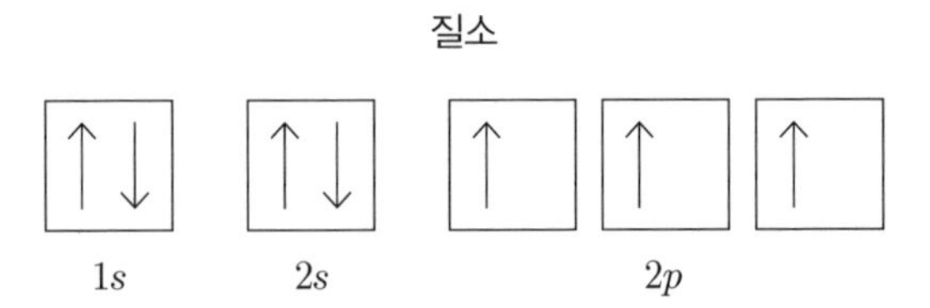

이번에는 산소를 보자. 산소는 전자의 개수가 8개이다. 따라서 질소처럼 전자를 채우고 나면 전자가 하나 남는다. 그 하나의 전자는 $2p$궤도의 첫 번째 방에 스핀다운 전자로 들어가는 것이다.

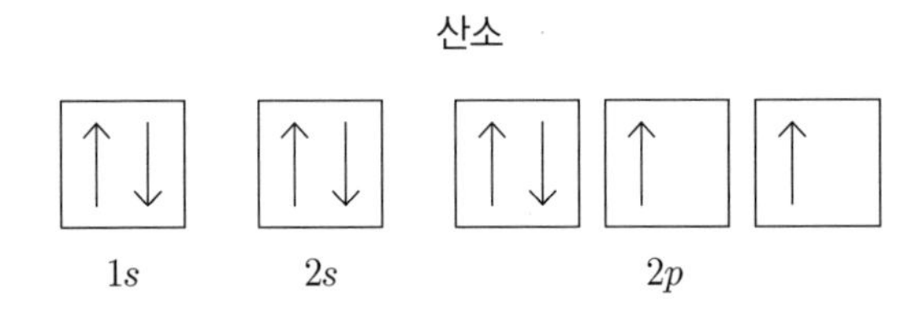

물리군 재미있는 규칙이군요.

행렬의 발견 _ 수를 직사각형 모양으로 배열하다

정교수 파울리의 스핀 연구를 살펴보려면 행렬에 대한 지식이 조금 필요해.

물리군 행렬이요?

정교수 행렬이라는 새로운 수학을 만든 수학자 실베스터를 먼저 소개하겠네.

실베스터(James Joseph Sylvester, 1814~1897)

실베스터는 1814년 런던에서 유대인 상인의 아들로 태어났다. 그는 14살에 런던 대학에 입학해 유명한 수학자 드모르간에게 수학을 배웠지만 동급생을 폭행한 혐의로 학교에서 제적되었다. 그 후 1831년에 케임브리지의 세인트존스 칼리지에 입학해 수학을 공부했다. 그리고 1838년 런던 대학의 자연철학 교수가 되었다.

1841년 실베스터는 미국 버지니아 대학의 수학 교수가 되었지만 4개월도 채 못 되어 그만두었다. 그는 강의 도중에 신문을 펼쳐 읽으면서 자신의 수업을 모욕한 학생에게 폭력을 행사했고 이 일로 교수직에서 물러났다.

영국으로 돌아온 실베스터는 1844년 형평 및 법률 생명보험협회(Equity and Law Life Assurance Society)라는 보험회사에 입사해 보험 관련 수학을 연구했다. 1855년에는 울리치에 있는 왕립 육군 사관학교의 수학 교수가 되었다.

실베스터는 시를 좋아했다. 그는 프랑스어, 독일어, 이탈리아어, 라틴어 및 그리스어로 쓰인 시들을 번역했다. 또 시의 운율에 대한 일련의 법칙을 체계화하려고 시도한 《운문의 법칙》이라는 제목의 책을 출간했다.

1876년 실베스터는 다시 대서양을 건너 미국 메릴랜드주 볼티모어에 새로 생긴 존스홉킨스 대학의 초대 수학 교수가 되었고, 1878년에 《미국 수학 저널(American Journal of Mathematics)》을 창간했다. 1883년 그는 영국으로 돌아와 옥스퍼드 대학의 기하학 교수가 되었다.

1850년 실베스터는 수들을 직사각형 모양으로 배열한 행렬을 처음 도입했다.[5] 그는 괄호 안에 직사각형 모양으로 수를 배열하여 행렬을 만들었다. 예를 들어 다음 두 행렬을 보자.

$$A = \begin{pmatrix} 2 & 4 & 8 & 7 \\ 1 & 2 & 6 & 2 \end{pmatrix}$$

$$B = \begin{pmatrix} 1 & 2 \\ 3 & 4 \end{pmatrix}$$

행렬 A는 가로로 2줄과 세로로 4줄로 이루어져 있는데 이것을 2×4 행렬이라고 부른다. 마찬가지로 행렬 B는 2×2 행렬이다. 이때 가로줄을 행, 세로줄을 열이라고 부른다. 그리고 행렬 B처럼 정사각형 모양으로 수가 배열되어 있는 행렬을 정사각행렬이라고 한다.

5) 행렬이라는 이름은 5년 후 실베스터의 친구인 수학자 케일리가 처음 사용했다.

물리군 행렬의 덧셈과 뺄셈은 어떻게 하나요?

정교수 두 행렬이 같은 꼴이면 행렬을 더하거나 뺄 수 있어. 다음 두 행렬을 보게.

$$A=\begin{pmatrix} a_{11} & a_{12} \\ a_{21} & a_{22} \end{pmatrix},\ B=\begin{pmatrix} b_{11} & b_{12} \\ b_{21} & b_{22} \end{pmatrix}$$

두 행렬은 모두 2×2 행렬로 같은 꼴이야. 이때 덧셈과 뺄셈을 다음과 같이 정의한다네.

$$A+B=\begin{pmatrix} a_{11}+b_{11} & a_{12}+b_{12} \\ a_{21}+b_{21} & a_{22}+b_{22} \end{pmatrix}$$

$$A-B=\begin{pmatrix} a_{11}-b_{11} & a_{12}-b_{12} \\ a_{21}-b_{21} & a_{22}-b_{22} \end{pmatrix}$$

또한 주어진 행렬 A의 k배를 kA라고 쓰는데 다음과 같이 정의하지.

$$kA=\begin{pmatrix} ka_{11} & ka_{12} \\ ka_{21} & ka_{22} \end{pmatrix}$$

물리군 행렬의 곱셈은요?

정교수 두 행렬 A, B에 대해 곱셈은 항상 정의되는 것은 아니야. A가 $m\times n$ 행렬이고 B가 $n\times p$ 행렬일 때만 AB를 정의할 수 있고, 이때 AB는 $m\times p$ 행렬이 되지. 다음 두 정사각행렬을 볼까?

$$A = \begin{pmatrix} a_{11} & a_{12} \\ a_{21} & a_{22} \end{pmatrix}, B = \begin{pmatrix} b_{11} & b_{12} \\ b_{21} & b_{22} \end{pmatrix}$$

두 행렬은 모두 2×2 행렬이니까 곱 AB를 다음과 같이 정의할 수 있어.

$$AB = \begin{pmatrix} a_{11}b_{11}+a_{12}b_{21} & a_{11}b_{12}+a_{12}b_{22} \\ a_{21}b_{11}+a_{22}b_{21} & a_{21}b_{12}+a_{22}b_{22} \end{pmatrix}$$

예를 들어 다음 두 행렬을 살펴보세.

$$A = \begin{pmatrix} 1 & 4 \\ 2 & 3 \end{pmatrix}, B = \begin{pmatrix} -1 & 2 \\ 0 & 4 \end{pmatrix}$$

이때 두 행렬의 곱을 계산하면

$$AB = \begin{pmatrix} -1 & 18 \\ -2 & 16 \end{pmatrix}$$

$$BA = \begin{pmatrix} 3 & 2 \\ 8 & 12 \end{pmatrix}$$

가 나오지. 두 결과를 비교하면 $AB \neq BA$인 것을 알 수 있지? 즉, 일반적으로 행렬의 곱은 교환법칙을 만족하지 않아.

물리군 교환법칙이 성립하지 않는 것이 연산자의 성질과 비슷하군요.

정교수 맞아. 그래서 행렬은 양자역학에서 아주 중요한 수학이지. 이제 여러 가지 모양의 행렬을 설명하겠네.

행렬의 전치에 대해 알아보자. 전치는 영어로 transpose라고 한다. '전'은 바꾼다는 뜻이고 '치'는 위치를 뜻하므로 전치란 위치를 바꾸는 것을 말한다. 행렬에서 행과 열을 바꾸는 것을 전치라고 한다. 어떤 행렬 A를 전치시킨 행렬을 그 행렬의 전치행렬이라 하고 A^T로 쓴다.

예를 들어 다음 행렬을 보자.

$$B = \begin{pmatrix} 1 & 2 \\ 3 & 4 \end{pmatrix}$$

이 행렬의 제1행은 1 2이고 제2행은 3 4이다. 이때 1 2가 제1열이고 3 4가 제2열인 행렬이 이 행렬의 전치행렬이다. 즉,

$$B^T = \begin{pmatrix} 1 & 3 \\ 2 & 4 \end{pmatrix}$$

이다. 정사각행렬이 아닌 경우 전치행렬은 다음과 같이 구한다.

$$A = \begin{pmatrix} 3 & 7 & 6 \end{pmatrix} \quad \longrightarrow \quad A^T = \begin{pmatrix} 3 \\ 7 \\ 6 \end{pmatrix}$$

$$B = \begin{pmatrix} 1 \\ 2 \\ 3 \end{pmatrix} \quad \longrightarrow \quad B^T = \begin{pmatrix} 1 & 2 & 3 \end{pmatrix}$$

전치행렬의 성질을 요약하면 다음과 같다.

(1) $(A^T)^T = A$

(2) $(A+B)^T = A^T + B^T$

(3) $(kA)^T = kA^T$

(4) $(AB)^T = B^T A^T$

이번에는 행렬식에 대해 알아보자. 행렬 A의 행렬식은 $|A|$라고 쓴다. 다음 2차 정사각행렬을 보자.

$$A = \begin{pmatrix} a & b \\ c & d \end{pmatrix}$$

이 행렬의 행렬식은

$$|A| = ad - bc$$

로 정의한다. 일반적으로 행렬식은 다음 성질을 만족한다.

(1) $|AB| = |A||B|$

(2) A가 N차 정사각행렬이면

$|kA| = k^N |A|$

이다.

파울리의 논문 속으로 _ 스핀을 양자역학에 도입하다

정교수 이제 파울리가 스핀을 양자역학에 어떻게 도입했는지 알아보세. 그는 조머펠트와 란데의 생각에 동의했어. 즉, 수소 원자 속에서 양자수 (n, l, m)은 같지만 제4의 양자수가 다른 전자 두 개가 같은 양자 상태 (n, l, m)에 있을 수 있다는 것 말이야. 파울리는 이 새로운 제4의 양자수를 스핀 양자수라고 불렀지. 또한 울렌벡과 하우드스밋처럼 스핀 연산자는 새로운 타입의 각운동량 연산자라고 생각했네.

물리군 수소의 각운동량 연산자는 다음 식을 만족해요.

$$L^2\psi_{nlm}(r, \theta, \phi) = \hbar^2 l(l+1)\psi_{nlm}(r, \theta, \phi) \quad (l = 0, 1, 2, \cdots)$$

$$L_z\psi_{nlm}(r, \theta, \phi) = m\hbar\psi_{nlm}(r, \theta, \phi) \quad (-l \le m \le l) \tag{4-5-1}$$

이때 주어진 l에 대해 허용되는 m의 개수는 $(2l+1)$개이고요.

정교수 그렇지. 수소의 양자수 중에서 n은 각운동량과 관계없어. 실제 각운동량과 관계있는 것은 l, m이야.

파울리는 슈테른·게를라흐 실험에서 허용된 양자 상태의 수가 스핀 양자수를 고려하지 않고 이론적으로 계산된 값의 두 배라는 사실로부터 $\psi_{nlm}(r, \theta, \phi)$가 두 종류이어야 한다고 생각했다.

먼저 파울리는 스핀 양자수를 주는 스핀 각운동량 연산자

$$\vec{S}$$

를 도입했다. 그리고 궤도 양자수 l과 자기 양자수 m 사이의 관계

$$m = -l, -l+1, -l+2, \cdots, l$$

을 떠올렸다. 스핀 각운동량에서 궤도 양자수를 s, 자기 양자수를 m_s 라고 하면 m_s는 두 개의 값만 허용되므로

$$m_s = -\frac{1}{2}, -\frac{1}{2}+1$$

이 되어 $s = \frac{1}{2}$ 이라는 것을 알아냈다. 이때 s를 스핀 또는 스핀 양자수, m_s를 스핀 자기 양자수라고 부른다. 따라서 허용되는 스핀 자기 양자수는

$$m_s = -\frac{1}{2}$$

또는

$$m_s = +\frac{1}{2}$$

이다.

파울리는 $m_s = \frac{1}{2}$ 인 전자의 파동함수를 $\psi_{nlm,\frac{1}{2}}$,[6] $m_s = -\frac{1}{2}$ 인 전자의 파동함수를 $\psi_{nlm,-\frac{1}{2}}$ 로 썼다.[7] 그러므로 $S^2 = \vec{S} \cdot \vec{S}$ 라고 하면

6) 파울리의 논문에는 ψ_α로 표시했다.

7) 파울리의 논문에는 ψ_β로 표시했다.

$$S^2\psi_{nlm,\frac{1}{2}}(r,\theta,\phi) = \frac{3}{4}\hbar^2\psi_{nlm,\frac{1}{2}}(r,\theta,\phi)$$

$$S^2\psi_{nlm,-\frac{1}{2}}(r,\theta,\phi) = \frac{3}{4}\hbar^2\psi_{nlm,-\frac{1}{2}}(r,\theta,\phi)$$

$$S_z\psi_{nlm,\frac{1}{2}}(r,\theta,\phi) = \frac{1}{2}\hbar\psi_{nlm,\frac{1}{2}}(r,\theta,\phi)$$

$$S_z\psi_{nlm,-\frac{1}{2}}(r,\theta,\phi) = -\frac{1}{2}\hbar\psi_{nlm,-\frac{1}{2}}(r,\theta,\phi) \qquad (4\text{–}5\text{–}2)$$

이다.

물리군 스핀 각운동량 연산자의 세 성분 S_x, S_y, S_z도 각운동량 연산자와 같은 관계식을 만족하나요?

정교수 당연히 그렇지. 즉, 다음 식을 만족해야 해.

$$[S_x, S_y] = i\hbar S_z$$

$$[S_y, S_z] = i\hbar S_x$$

$$[S_z, S_x] = i\hbar S_y \qquad (4\text{–}5\text{–}3)$$

파울리는 스핀 각운동량 연산자가 n, l, m과는 아무 상관없고 오로지 s와 m_s의 값에만 의존한다고 생각했다. 그는 식 (4–5–3)을 만족하는 행렬을 찾았는데, 세 개의 2×2 행렬 σ_x, σ_y, σ_z를 도입해 다음과 같이 나타냈다. 이 세 개의 행렬을 파울리 행렬이라고 부른다.

$$S_x = \frac{\hbar}{2}\sigma_x$$

$$S_y = \frac{\hbar}{2}\sigma_y$$

$$S_z = \frac{\hbar}{2}\sigma_z \qquad (4\text{–}5\text{–}4)$$

파울리는 간단한 계산을 통해 파울리 행렬이 다음과 같음을 발견했다.

$$\sigma_x = \begin{pmatrix} 0 & 1 \\ 1 & 0 \end{pmatrix}$$

$$\sigma_y = \begin{pmatrix} 0 & -i \\ i & 0 \end{pmatrix}$$

$$\sigma_z = \begin{pmatrix} 1 & 0 \\ 0 & -1 \end{pmatrix} \qquad (4\text{–}5\text{–}5)$$

파울리 행렬은 다음과 같은 재미있는 성질을 만족한다.

$$\sigma_x^2 = \sigma_y^2 = \sigma_z^2 = I$$

$$\sigma_x \sigma_y = i\sigma_z$$

$$\sigma_y \sigma_x = -i\sigma_z$$

$$\sigma_y \sigma_z = i\sigma_x$$

$$\sigma_z \sigma_y = -i\sigma_x$$

$$\sigma_z \sigma_x = i\sigma_y$$

$$\sigma_x \sigma_z = -i\sigma_y \tag{4-5-6}$$

따라서 스핀을 고려한 파동함수는 다음 두 가지이다.

$$\psi_{nlm,\frac{1}{2}} = \psi_{nlm}\begin{pmatrix}1\\0\end{pmatrix}$$

$$\psi_{nlm,-\frac{1}{2}} = \psi_{nlm}\begin{pmatrix}0\\1\end{pmatrix} \tag{4-5-7}$$

이때 우리는 다음 관계식을 얻을 수 있다.

$$S^2\begin{pmatrix}1\\0\end{pmatrix}=\frac{3}{4}\hbar^2\begin{pmatrix}1\\0\end{pmatrix}$$

$$S_z\begin{pmatrix}1\\0\end{pmatrix}=\frac{1}{2}\hbar\begin{pmatrix}1\\0\end{pmatrix}$$

$$S^2\begin{pmatrix}0\\1\end{pmatrix}=\frac{3}{4}\hbar^2\begin{pmatrix}0\\1\end{pmatrix}$$

$$S_z\begin{pmatrix}0\\1\end{pmatrix}=-\frac{1}{2}\hbar\begin{pmatrix}0\\1\end{pmatrix} \tag{4-5-8}$$

파울리는 전자의 스핀을 고려하지 않을 때는

$$\int\left|\psi_{nlm}(\vec{r})\right|^2 dv = 1$$

이지만, 스핀을 고려하면

$$\sum_{\text{모든 } s}\int\left|\psi_{nlm,s}(\vec{r})\right|^2 dv = 1$$

또는

$$\int\left[\left|\psi_{nlm,\frac{1}{2}}(\vec{r})\right|^2+\left|\psi_{nlm,-\frac{1}{2}}(\vec{r})\right|^2\right]dv = 1 \tag{4-5-9}$$

이라는 것을 알아냈다.

물리군　스핀을 고려하면 자기장 속의 해밀토니안이 달라지겠네요.

정교수　물론이야. 파울리는 스핀을 고려한 자기장 속에서의 해밀토니안을 다음과 같이 제안했어.

$$H = \frac{1}{2\mu}\left[\vec{\sigma} \cdot (\vec{p} - e'\vec{A})\right]^2 + V \tag{4-5-10}$$

여기서

$$\vec{\pi} = \vec{p} - e'\vec{A} \tag{4-5-11}$$

라고 두면

$$H = \frac{1}{2\mu}(\vec{\sigma} \cdot \vec{\pi})^2 + V \tag{4-5-12}$$

가 된다. 이제 다음 계산을 해 보자.

$$\begin{aligned}(\vec{\sigma} \cdot \vec{\pi})^2 &= (\sigma_x\pi_x + \sigma_y\pi_y + \sigma_z\pi_z)(\sigma_x\pi_x + \sigma_y\pi_y + \sigma_z\pi_z) \\ &= \sigma_x^2\pi_x^2 + \sigma_y^2\pi_y^2 + \sigma_z^2\pi_z^2 + \sigma_x\sigma_y\pi_x\pi_y + \sigma_y\sigma_x\pi_y\pi_x \\ &\quad + \sigma_y\sigma_z\pi_y\pi_z + \sigma_z\sigma_y\pi_z\pi_y + \sigma_x\sigma_z\pi_x\pi_z + \sigma_z\sigma_x\pi_z\pi_x\end{aligned} \tag{4-5-13}$$

파울리 행렬의 성질을 이용하면

$$(\vec{\sigma} \cdot \vec{\pi})^2 = \pi_x^2 + \pi_y^2 + \pi_z^2 + i\sigma_z[\pi_x, \pi_y] + i\sigma_x[\pi_y, \pi_z] + i\sigma_y[\pi_z, \pi_x] \tag{4-5-14}$$

이다. 여기서

$$[\pi_x, \pi_y] = [p_x - e'A_x, p_y - e'A_y]$$

$$= -e'[p_x, A_y] + e'[p_y, A_x]$$

인데,

$$[p_x, A_y] = \frac{\hbar}{i}\left[\partial_x, \frac{1}{2}Bx\right] = \frac{B\hbar}{2i}$$

$$[p_y, A_x] = \frac{\hbar}{i}\left[\partial_y, -\frac{1}{2}By\right] = -\frac{B\hbar}{2i}$$

이므로

$$[\pi_x, \pi_y] = i\hbar Be'$$

가 된다. 같은 방법으로 $[\pi_y, \pi_z]$와 $[\pi_z, \pi_x]$를 계산하면 파울리의 해밀토니안은

$$H = \frac{1}{2\mu}\vec{\pi}^2 - \frac{e\hbar}{2\mu c}\vec{\sigma} \cdot \vec{B} + V \tag{4-5-15}$$

가 된다. 이것을 스핀 연산자로 나타내면

$$H = \frac{1}{2\mu}\vec{p}^2 + V - \frac{e}{2\mu c}(\vec{L} + 2\vec{S}) \cdot \vec{B} \tag{4-5-16}$$

이다.

물리군　스핀 연산자와 자기장의 내적이 추가되었군요.

정교수　맞아. 그러니까 크기가 B인 자기장이 z축 방향으로 작용할 때, 이 해밀토니안의 연산자를 ψ_{nlmm_s}에 걸어주면

$$E_{nlmm_s} = -\frac{\mu e^4}{2\hbar^2 n^2} - \frac{e\hbar B}{2\mu c}(m + 2m_s)$$

이지. 즉, 자기장이 있는 경우 전자의 에너지는 m과 m_s에 따라 달라지는 걸세. 그래서 정상 제이만 효과보다 더 다양한 에너지를 가질 수 있고, 이것은 비정상 제이만 효과를 설명하는 거야.

물리군　그렇군요.

다섯 번째 만남

●

디랙 방정식과 반입자의 발견

클라인과 고든의 시도

_전자의 운동에 특수상대성이론을 적용하면 어떻게 될까?

정교수 그럼 이 책의 본론인 반입자의 세계로 들어가 볼까?

물리군 어떤 내용인지 궁금해요.

정교수 지금까지 다룬 내용은 양자역학과 관련된 것이었네. 양자역학은 뉴턴의 물리학을 불확정성원리에 맞게 수정한 거지. 그래서 뉴턴의 방정식 대신 슈뢰딩거 방정식이 나온 거야. 하지만 20세기 들어서 뉴턴의 물리학은 빛처럼 빠른 물체에 대해서는 성립하지 않는 것이 알려졌어. 이것이 바로 아인슈타인의 특수상대성이론일세. 뉴턴의 물리학에서와 특수상대성이론에서 에너지의 정의는 서로 다르다네. 그래서 물리학자들은 특수상대성이론에 의한 물리학을 불확정성원리에 맞게 수정할 필요가 있었어. 이러한 양자역학을 상대론적 양자역학이라고 하지. 이제 좀 더 자세히 얘기해 보겠네.

슈뢰딩거 방정식은 뉴턴 역학의 역학적 에너지를 해밀토니안 연산자 $\hat{H}$로 바꾼 방정식이다. 즉,

$$\hat{H}\psi = \left[\frac{\hat{p}^2}{2m} + V(\hat{x}, \hat{y}, \hat{z})\right]\psi$$

가 된다. 여기서 m은 질량이고,

$$\hat{p}^2 = \hat{p}_x{}^2 + \hat{p}_y{}^2 + \hat{p}_z{}^2$$

이다. 슈뢰딩거 방정식은

$$\hat{H} \longrightarrow i\hbar\frac{\partial}{\partial t}$$

$$\hat{p}_x \longrightarrow \frac{\hbar}{i}\frac{\partial}{\partial x}$$

$$\hat{p}_y \longrightarrow \frac{\hbar}{i}\frac{\partial}{\partial y}$$

$$\hat{p}_z \longrightarrow \frac{\hbar}{i}\frac{\partial}{\partial z}$$

로 바꾸면 얻을 수 있다.

하지만 전자의 운동에 대해 뉴턴 역학이 아니라 아인슈타인의 특수상대성이론을 적용하면 어떻게 될까? 물리학자들은 이 문제를 연구하기 시작했다. 이것을 처음 시도한 과학자는 독일의 고든(Walter Gordon, 1893~1939)과 스웨덴의 클라인(Oskar Klein, 1894~1977)이다.

고든은 독일의 아폴다에서 태어나 어릴 때 스위스로 이주했다. 그는 1900년에 장크트갈렌에 있는 학교에 들어갔고, 1915년부터 베를린 대학에서 수학과 물리학을 공부해 1921년에 막스 플랑크 밑에서 박사 학위를 받았다. 1922년 베를린 대학에 있는 동안 고든은 라우에의 조수가 되었다.

1925년 그는 맨체스터 대학에서 윌리엄 로런스 브래그(William Lawrence Bragg)와 함께 몇 달 동안 공동 연구를 했다. 나중에는 베를린의 카이저 빌헬름 섬유 화학 협회에서 일했다.

클라인(Oskar Klein, 1894~1977, 출처: 노르웨이 왕립 과학 및 문학 협회/Wikimedia Commons)

클라인은 스웨덴 스톡홀름 외곽의 단데뤼드에서 태어났다. 그는 어린 나이에 노벨 연구소에서 화학자 아레니우스(Svante Arrhenius)의 제자가 되었다. 이후 프랑스의 페랭(Jean Baptiste Perrin)에게 가던 중 제1차 세계대전이 발발하여 군에 징집되었다.

1917년부터 클라인은 코펜하겐 대학에서 닐스 보어와 함께 몇 년 동안 일했고, 1921년 스톡홀름 대학에서 박사 학위를 받았다. 1923년 앤아버에 있는 미시간 대학에서 교수직을 얻었고, 1930년에 스톡홀름 대학 물리학과 교수가 되었다.

물리군 양자역학에 특수상대성이론을 적용한다는 게 무슨 말이죠?

정교수 식을 가지고 알려 주겠네.

특수상대성이론에서 에너지-운동량 관계식은 물리학자 콤프턴이 알아냈다.

$$E^2 = p^2c^2 + m^2c^4 \qquad (5\text{-}1\text{-}1)$$

이것은 입자가 힘을 받지 않을 때(퍼텐셜 에너지가 0일 때)의 식이며, 여기서 m은 입자의 정지질량이다. 3차원 공간에서는

$$E^2 = (p_x^2 + p_y^2 + p_z^2)c^2 + m^2c^4$$

이 된다. 이 식에서 E를 해밀토니안 연산자 $\hat{H}$로, 운동량을 운동량 연산자로 바꾸어 파동함수에 작용하면

$$\hat{H}^2\psi = (c^2\hat{p}^2 + m^2c^4)\psi$$

또는

$$-\hbar^2\frac{\partial^2}{\partial t^2}\psi = -c^2\hbar^2\left(\frac{\partial^2}{\partial x^2} + \frac{\partial^2}{\partial y^2} + \frac{\partial^2}{\partial z^2}\right)\psi + m^2c^4\psi$$

또는

$$\left(\frac{1}{c^2}\frac{\partial^2}{\partial t^2} - \nabla^2\right)\psi + \frac{m^2c^2}{\hbar^2}\psi = 0 \qquad (5\text{-}1\text{-}2)$$

이다. 이것이 클라인·고든 방정식이다.

물리군 이게 특수상대성이론에 따라 전자가 자유롭게 움직일 때의

양자역학 방정식인가요?

정교수 클라인·고든 방정식에는 문제가 하나 있었어.

물리군 어떤 문제죠?

정교수 차근차근 설명해 볼게.

식 (5-1-2)의 왼쪽에 ψ^*를 곱하면

$$\psi^*\left(\frac{1}{c^2}\frac{\partial^2}{\partial t^2}-\nabla^2\right)\psi+\frac{m^2c^2}{\hbar^2}\psi^*\psi=0 \qquad (5\text{-}1\text{-}3)$$

이 된다. 또한 식 (5-1-2)의 켤레를 취하여 왼쪽에 ψ를 곱하면

$$\psi\left(\frac{1}{c^2}\frac{\partial^2}{\partial t^2}-\nabla^2\right)\psi^*+\frac{m^2c^2}{\hbar^2}\psi^*\psi=0 \qquad (5\text{-}1\text{-}4)$$

이다. 식 (5-1-3)에서 식 (5-1-4)를 빼면

$$\frac{1}{c^2}\left(\psi^*\frac{\partial^2}{\partial t^2}\psi-\psi\frac{\partial^2}{\partial t^2}\psi^*\right)-(\psi^*\nabla^2\psi-\psi\nabla^2\psi^*)=0 \qquad (5\text{-}1\text{-}5)$$

이 된다. 여기서

$$\frac{\partial}{\partial t}\left(\psi^*\frac{\partial}{\partial t}\psi\right)=\psi^*\frac{\partial^2}{\partial t^2}\psi+\frac{\partial\psi^*}{\partial t}\frac{\partial\psi}{\partial t}$$

$$\frac{\partial}{\partial t}\left(\psi\frac{\partial}{\partial t}\psi^*\right)=\psi\frac{\partial^2}{\partial t^2}\psi^*+\frac{\partial\psi^*}{\partial t}\frac{\partial\psi}{\partial t}$$

이므로

$$\psi^* \frac{\partial^2}{\partial t^2}\psi - \psi\frac{\partial^2}{\partial t^2}\psi^* = \frac{\partial}{\partial t}\left(\psi^* \frac{\partial}{\partial t}\psi\right) - \frac{\partial}{\partial t}\left(\psi\frac{\partial}{\partial t}\psi^*\right)$$

$$= \frac{\partial}{\partial t}\left(\psi^* \frac{\partial}{\partial t}\psi - \psi\frac{\partial}{\partial t}\psi^*\right)$$

이 된다. 또한

$$\vec{\nabla}\cdot(\psi^*\vec{\nabla}\psi) = \psi^*\nabla^2\psi + \vec{\nabla}\psi^*\cdot\vec{\nabla}\psi$$

$$\vec{\nabla}\cdot(\psi\vec{\nabla}\psi^*) = \psi\nabla^2\psi^* + \vec{\nabla}\psi^*\cdot\vec{\nabla}\psi$$

로부터

$$\psi^*\nabla^2\psi - \psi\nabla^2\psi^* = \vec{\nabla}\cdot(\psi^*\vec{\nabla}\psi - \psi\vec{\nabla}\psi^*)$$

이다. 한편 전자의 확률 플럭스는

$$\vec{J} = \frac{\hbar}{2mi}(\psi^*\vec{\nabla}\psi - \psi\vec{\nabla}\psi^*) \qquad (5\text{–}1\text{–}6)$$

이므로 식 (5–1–6)은

$$\psi^*\nabla^2\psi - \psi\nabla^2\psi^* = \frac{2mi}{\hbar}\vec{\nabla}\cdot\vec{J}$$

로 쓸 수 있다. 이것을 식 (5–1–5)에 넣으면

$$\frac{1}{c^2}\frac{\partial}{\partial t}\left(\psi^*\frac{\partial}{\partial t}\psi-\psi\frac{\partial}{\partial t}\psi^*\right)-\frac{2mi}{\hbar}\vec{\nabla}\cdot\vec{J}=0$$

이 되어, 확률밀도는

$$\rho=\frac{i\hbar}{2mc^2}\left(\psi^*\frac{\partial}{\partial t}\psi-\psi\frac{\partial}{\partial t}\psi^*\right) \tag{5-1-7}$$

이 나온다. 그런데 이것은 항상 양수라고 볼 수 없다. 즉, ρ를 확률밀도로 해석할 수 없는 심각한 문제가 발생했다.

디랙의 등장 _ 슈뢰딩거 방정식과 특수상대성이론의 결합

정교수 클라인·고든 방정식의 문제를 해결한 것은 영국의 물리학자 디랙이야. 그의 일생부터 알아보기로 하세.

디랙(Paul Adrien Maurice Dirac, 1902~1984, 1933년 노벨 물리학상 수상)

디랙은 1902년 8월 8일 영국 브리스틀에서 태어났다. 그의 아버지는 스위스의 생모리스에서 온 이민자로 브리스틀에서 프랑스어 교사로 일했다. 그의 어머니 이름은 플로렌스 해나 디랙이다. 그 이름에 붙은 플로렌스는 선장이었던 외할아버지가 크림 전쟁 당시 군인 신분으로 만났던 플로렌스 나이팅게일의 이름에서 따온 것이다.

잡지에 실린 나이팅게일 삽화

디랙의 아버지는 엄격하고 권위적이었다. 디랙은 비숍로드 초등학교에서 교육을 받았고, 졸업 후 아버지가 프랑스어 교사로 근무한 무역상회 기술대학에 들어갔다. 이 학교는 브리스틀 대학의 부속학교로 벽돌 쌓기, 제화 및 금속 작업, 현대 언어와 같은 기술적인 내용을 가르쳤다. 이곳에서 디랙은 전기공학을 공부했다.

1921년 학위를 마치기 직전에 그는 케임브리지 대학의 세인트존스 칼리지 입학시험에 응시했다. 시험에 합격하여 70파운드의 장학금을 받았지만, 케임브리지에서 생활하고 공부하기에는 충분하지 못했다. 1923년에 디랙은 과학산업연구과로부터 140파운드의 장학금을 받아 케임브리지에서 박사 과정을 밟을 수 있었다. 그는 월요일부터 토요일까지 매일 도서관에 머무르면서 해석역학과 원자에 관한 논문을 읽었고, 일요일에는 근교에서 산책하며 시간을 보냈다.

1924년 디랙은 카피차 클럽에 가입했다. 이 클럽은 러시아 출신의 물리학자 카피차가 만든 과학 사교 모임이었다.

카피차(Pyotr Leonidovich Kapitsa, 1894~1984, 1978년 노벨 물리학상 수상)

카피차는 1921년부터 케임브리지 캐번디시 연구소 소장인 러더퍼드 밑에서 일한 연구원이자, 러더퍼드가 가장 아끼는 제자였다. 그는 영국 학생들이 자유로운 의견을 내지 못하고 교수의 말이라면 비판 없이 따르는 것에 불만을 가졌다. 그래서 학생들이 자유롭게 물리에 대해 자기의 의견을 얘기할 수 있는 모임을 만들었는데, 그것이 바로 카피차 클럽이다.

카피차 클럽에서 디랙은 최근의 양자 연구에 관한 토론을 나누었다. 디랙은 1925년 하이젠베르크의 불확정성원리 논문과 보른-요르단의 불확정성원리 논문을 살펴보았다. 그는 이 논문에 나오는 교환자가 해석역학의 푸아송 괄호와 비슷하다고 생각했다.

1926년 슈뢰딩거가 전자에 대한 양자역학 방정식인 슈뢰딩거 방정식을 발표했다. 이것을 계기로 디랙은 슈뢰딩거 방정식과 아인슈타인의 특수상대성이론을 결합하는 이론을 만들겠다는 욕구가 생겼다. 그는 1927년부터 이 연구에 뛰어들었고, 그해 11월 말에 특수상

1927년 솔베이 학회. 둘째 줄 왼쪽에서 다섯 번째가 디랙

대성이론과 잘 어울리는 전자의 양자역학 방정식을 찾는 데 성공했다. 이 논문은 1928년 2월에 발표되었다.

논문이 나오자 많은 물리학자가 디랙의 위대함에 놀라워했다. 이 논문에서 디랙은 수소 속 전자가 가지는 에너지를 슈뢰딩거가 구한 값보다 더 정확하게 결정할 수 있었다. 게다가 여기서 또 하나의 굉장한 결과가 등장했다. 바로 음의 에너지를 가진 해가 존재한다는 것이었다. 이렇게 음의 에너지를 가진 해에 대응하는 입자는 훗날 반입자로 불리게 된다.

1937년 디랙은 유진 위그너(Eugene Paul Wigner, 1902~1995, 1963년 노벨 물리학상 수상)의 여동생인 마르기트 위그너와 결혼했다. 마르기트는 1934년에 고향 헝가리에서 미국 뉴저지주 프린스턴에 있는 그의 오빠를 방문했다. 저녁 식사를 하던 중 '옆 테이블에서 외롭게 보이는 남자'를 만났는데 그가 바로 디랙이었다. 위그너는 여동생을 디랙에게 소개시켜 주었고 이 첫 만남은 두 사람의 결혼으로 이어졌다.

디랙과 그의 아내
(출처: GFHund/Wikimedia Commons)

디랙은 동료들에게 지나칠 만큼 논리적이며 과묵한 사람으로 기억되었다. 케임브리지에서 그의 동료들은 농담 삼아 디랙이 1시간에 한 마디를 말한다는 1디랙 단위를 정의하기도 했다.

어느 날 닐스 보어가 논문을 쓰면서 마지막 문장을 어떻게 끝내야 할지 모르겠다고 투덜대자 디랙은 이렇게 대답했다.

"난 학교에서 끝에 뭐라고 쓸지 결정하지 않은 문장은 시작하지도 말라고 배웠다네."

한편 디랙은 시를 무척이나 싫어했는데 다음과 같은 말을 남길 정도였다.

"과학의 목적은 어려운 것들을 더 간단한 방법으로 이해할 수 있게 만드는 것이다. 시의 목적은 간단한 것들을 이해할 수 없는 방식으로 표현하는 것이다. 둘은 양립할 수 없다."

–디랙

디랙에 대한 또 다른 일화가 있다. 그가 젊은 리처드 파인먼을 학회에서 처음 만났을 때, 긴 침묵 끝에 이렇게 말했다고 한다.

"나에게는 한 방정식이 있다네. 자네도 역시 하나 있는가?"

디랙은 또한 겸손한 성격으로도 유명했다. 그는 그가 제일 먼저 기술했던 양자역학적 연산자의 시간 변화 방정식을 '하이젠베르크 운동 방정식'이라고 불렀다. 대부분의 물리학자는 반정수 스핀 입자에

1942년 더블린에서 열린 학회. 첫째 줄 왼쪽에서 세 번째가 디랙(출처: Cecil Keaveney/더블린 고등연구소/Wikimedia Commons)

대해 페르미·디랙 통계학, 정수 스핀 입자에 대해서는 보스·아인슈타인 통계학이라고 한다. 디랙은 말년에 강의하면서 항상 전자를 '페르미 통계학'으로 불렀다. 지금은 페르미·디랙 통계라고 한다.

"우리는 수학이 알려 주는 방향을 순순히 따라가야 한다. 수학은 대칭적인 상태와 반대칭적인 상태를 함께 생각하게 만든다. 우리는 이런 수학적인 사고를 좇아야 하고 그 결과가 무엇인지 찾아야 한다. 그것이 비록 우리가 처음 시작했던 곳과 완전히 다른 지점에 도착하더라도 말이다."

–디랙

디랙의 노새 입자 _ 힘이 작용한 방향으로 속도가 줄어든다

물리군 특수상대성이론과 잘 어울리는 전자의 양자역학이 뭔지 잘 모르겠어요. 그리고 왜 음의 에너지가 나오는지도요.

정교수 양자론과 상대성이론은 20세기 초반 고전물리학을 뒤흔드는 두 기둥으로 등장했어. 상대성이론이 걸출한 천재 아인슈타인의 독무대라면, 양자론은 뚜렷하게 누가 만들었다고 할 수 없을 정도로 많은 천재들에 의해 이루어졌지. 상대론과 양자론의 보스인 아인슈타인과 보어는 끊임없는 논쟁을 벌였고, 그런 이유로 상대론과 양자론은 큰 교류 없이 독자적으로 발전했다네.

디랙은 하이젠베르크와 슈뢰딩거의 양자역학이 맘에 들지 않았어. 그는 전자가 매우 빠른 속력으로 움직일 수 있으므로 뉴턴의 역학을 적용하는 것보다는 아인슈타인의 특수상대성이론을 쓰는 것이 옳다고 믿었거든. 이것은 슈뢰딩거보다 한 걸음 나아가는 연구였지.

물리군 어떤 차이가 있죠?

정교수 뉴턴 역학에서 입자의 질량은 변하지 않아. 그 질량을 m이라고 하면, 입자가 속도 v로 움직이고 퍼텐셜 에너지가 0일 때 입자의 에너지는

$$E = \frac{1}{2}mv^2$$

이 되지. 이것을 입자의 운동량으로 쓰면

$$E = \frac{p^2}{2m} \quad (5\text{–}3\text{–}1)$$

이라네.

물리군 그건 알고 있어요.

정교수 특수상대성이론에 의하면 움직이는 입자의 질량은 변하게 돼. 입자가 정지해 있을 때의 질량을 m, 입자가 속도 v로 움직일 때의 질량을 M이라고 하면

$$M = \frac{m}{\sqrt{1 - \frac{v^2}{c^2}}}$$

이지. 여기서 c는 빛의 속력이야. 이 식을 보면 움직이는 입자의 질량은 속도의 함수라는 것을 알 수 있어. 정지해 있는 입자는 $v = 0$이니까 $M = m$이 되는데 이것을 정지질량이라고 불러. 이때 속도 v로 움직이는 물체의 운동량을 p라고 하면

$$p = Mv = \frac{mv}{\sqrt{1 - \frac{v^2}{c^2}}} \quad (5\text{–}3\text{–}2)$$

가 되지.

물리군 운동량이 속도의 함수가 되는군요.

정교수 맞아. 또한 아인슈타인은 속도 v로 움직이는 물체의 에너지가

$$E = Mc^2 = \frac{mc^2}{\sqrt{1 - \frac{v^2}{c^2}}} \tag{5-3-3}$$

이라는 것을 알아냈어. 식 (5–3–2)와 (5–3–3)을 이용하면

$$E^2 = p^2c^2 + m^2c^4 \tag{5-3-4}$$

이라네. 식 (5–3–1)과 (5–3–4)를 보게. 어떤 차이가 있지?

물리군 식 (5–3–1)은 E에 대한 일차식이고, 식 (5–3–4)는 E에 대한 이차식이에요.

정교수 바로 그거야! 그러니까 식 (5–3–1)을 E에 대해 풀면 근이 한 개 나오지만, 식 (5–3–4)를 E에 대해 풀면 근이 두 개 나오지. 즉, 식 (5–3–4)에서 에너지를 구하면

$$E = \pm\sqrt{p^2c^2 + m^2c^4}$$

이 돼. 이 입자가 정지해 있다면 $p = 0$이니까

$$E = \pm mc^2$$

으로 쓸 수 있지. 다시 말해 입자에 대해 특수상대성이론을 적용하면, 정지질량이 m인 입자는 $E = mc^2$이라는 양의 에너지 또는 $E = -mc^2$이라는 음의 에너지를 가질 수 있다네.

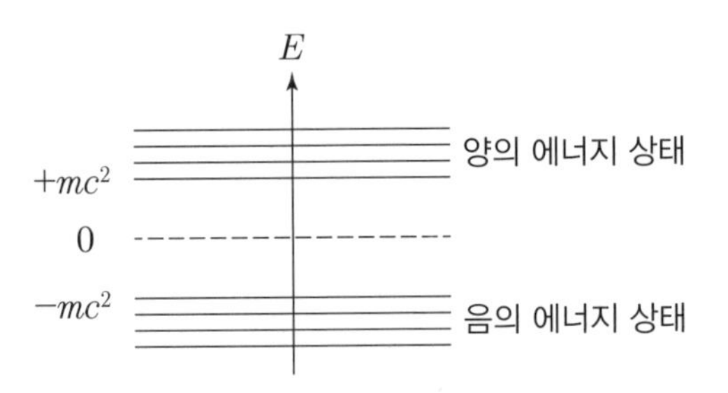

물리군 입자가 음의 에너지를 가진다는 게 무슨 뜻이에요?

정교수 디랙은 이 문제를 고민했어. 양의 에너지는 전자의 에너지로 이해할 수 있는데, 기존 상식에서는 음의 에너지를 가진 입자가 없기 때문이야.

물리군 슈뢰딩거 방정식으로는 설명할 수 없는 입자군요.

정교수 그렇지. 하지만 디랙은 양의 에너지를 가진 입자와 음의 에너지를 가진 입자의 쌍이 존재한다는 것을 믿었다네. 그리고 음의 에너지를 갖는 입자에 대해 좀 더 깊이 생각하기 시작했지.

양의 에너지를 가진 정상적인 전자는 운동 방향으로 힘을 작용하면 그 방향으로 속도가 증가하네. 그것은 정상적인 전자가 양의 에너지를 갖고 있기 때문이야. 예를 들어 정상적인 전자의 에너지($E = +mc^2$)가 4이고 운동 방향으로 작용한 힘에 의한 에너지가 2라고 하세. 그러면 이 전자의 에너지는 $4 + 2 = 6$이 되어 에너지가 4에서 6으로 늘어나 속도가 증가하지.

물리군 그럼 음의 에너지를 가진 입자는 반대로 행동하나요?

정교수 음의 에너지를 가진 전자의 에너지($E = -mc^2$)가 -4이고 이

전자에 작용한 에너지를 2라고 하세. 그러면 음의 에너지를 가진 전자의 에너지는 $-4+2=-2$가 되어 에너지의 크기가 $|-4|=4$에서 $|-2|=2$로 줄어들기 때문에 운동 방향으로 힘을 작용하면 속도가 오히려 감소하지.

물리군 음의 에너지를 가진 전자는 정말 신기한 입자네요. 힘이 작용한 방향으로 속도가 줄어든다는 게 놀라워요.

정교수 말보다 조금 작은 노새라는 동물이 있어. 노새는 본래 유순하지만 불만이 있으면 주인이 앞으로 가자고 끌어도 뒷걸음치지. 디랙은 음의 에너지를 가진 전자가 노새처럼 운동 방향으로 에너지를 주어도 오히려 속도가 작아지는 행동을 보이기 때문에 '노새 전자'라고 이름을 붙였네. 즉, 같은 정지질량에 대해 두 개의 입자가 존재한다는 것을 알아낸 거지. 하나는 양의 에너지를, 다른 하나는 음의 에너지를 갖는 걸세.

디랙의 논문 속으로 _새로운 방정식

물리군 노새 전자를 묘사하는 파동함수는 슈뢰딩거 방정식으로 나타낼 수 없잖아요? 그렇다면 새로운 방정식이 필요하겠네요.

정교수 그게 바로 디랙 방정식이야. 이제 디랙 방정식에 대해 알려주겠네. 질량이 m인 전자가 힘을 받지 않으면 전자의 퍼텐셜 에너지는 0이므로 슈뢰딩거 방정식은

$$-\frac{\hbar^2}{2m}\nabla^2\psi = i\hbar\frac{\partial}{\partial t}\psi$$

가 되는 것은 알고 있지?

물리군 뉴턴의 에너지 보존법칙

$$\frac{p^2}{2m} = E$$

에서 나온 거죠?

정교수 그렇지. 디랙은 다음과 같은 연산자를 도입했어.

$$p_0 = \frac{\hat{H}}{c} = \frac{i\hbar}{c}\frac{\partial}{\partial t}$$

$$p_1 = \hat{p}_x = \frac{\hbar}{i}\frac{\partial}{\partial x}$$

$$p_2 = \hat{p}_y = \frac{\hbar}{i}\frac{\partial}{\partial y}$$

$$p_3 = \hat{p}_z = \frac{\hbar}{i}\frac{\partial}{\partial z}$$

그러면 클라인·고든 방정식은

$$(-p_0^2 + p_1^2 + p_2^2 + p_3^2 + m^2c^2)\psi = 0 \quad (5\text{-}4\text{-}1)$$

이 되지. 만일 파동함수가 시간에 의존하지 않으면

$$\hat{H}\psi(x, y, z) = E\psi(x, y, z)$$

이어야 하므로 식 (5-4-1)은

$$E^2\psi = [c^2(p_1^2 + p_2^2 + p_3^2) + m^2c^4]\psi \quad (5\text{-}4\text{-}2)$$

가 된다네.

물리군 좌변에 에너지의 제곱이 나오네요.

정교수 디랙은 좌변이 $E\psi$가 나오는 방정식을 찾고 싶었어. 그는

$$p_1^2 + p_2^2 + p_3^2 = \vec{p} \cdot \vec{p}$$

$$m^2c^4 = (mc^2)^2$$

이라는 사실로부터 다음과 같은 방정식을 생각했네.

$$E\psi = [c(\alpha_1 p_1 + \alpha_2 p_2 + \alpha_3 p_3) + mc^2\beta]\psi \quad (5\text{-}4\text{-}3)$$

물리군 $\alpha_1, \alpha_2, \alpha_3, \beta$는 뭔가요?

정교수 이제 그걸 결정하는 과정을 살펴보세.

디랙의 해밀토니안은

$$\hat{H} = c(\alpha_1 p_1 + \alpha_2 p_2 + \alpha_3 p_3) + mc^2 \beta$$

이고,

$$\hat{H}^2 \psi = \hat{H}(\hat{H}\psi) = \hat{H}(E\psi) = E\hat{H}\psi = E^2 \psi$$

이므로

$$[c(\alpha_1 p_1 + \alpha_2 p_2 + \alpha_3 p_3) + mc^2 \beta]^2 = c^2(p_1^2 + p_2^2 + p_3^2) + m^2 c^4$$

이 되어야 한다. 좌변을 전개하면 위 식은 다음과 같이 쓸 수 있다.

$$c^2[\alpha_1^2 p_1^2 + \alpha_2^2 p_2^2 + \alpha_3^2 p_3^2 + (\alpha_1\alpha_2 + \alpha_2\alpha_1)p_1 p_2 + (\alpha_2\alpha_3 + \alpha_3\alpha_2)p_2 p_3$$

$$+(\alpha_1\alpha_3 + \alpha_3\alpha_1)p_1 p_3] + m^2 c^4 \beta^2 + mc^3[(\alpha_1\beta + \beta\alpha_1)p_1 + (\alpha_2\beta + \beta\alpha_2)p_2$$

$$+(\alpha_3\beta + \beta\alpha_3)p_3]$$

$$= c^2(p_1^2 + p_2^2 + p_3^2) + m^2 c^4 \qquad (5\text{–}4\text{–}4)$$

디랙은 파울리가 알아낸 것처럼 스핀이 있을 때 파동함수가 행렬로 묘사된다고 보았다. 그래서 $\alpha_1, \alpha_2, \alpha_3, \beta$를 정사각행렬이라고 생각했다. 이때 식 (5–4–4)로부터

$$\alpha_1^2 = I$$

$$\alpha_2^2 = I$$

$$\alpha_3^2 = I$$

$$\alpha_1\alpha_2 + \alpha_2\alpha_1 = 0$$

$$\alpha_2\alpha_3 + \alpha_3\alpha_2 = 0$$

$$\alpha_1\alpha_3 + \alpha_3\alpha_1 = 0$$

$$\beta^2 = I$$

$$\alpha_1\beta + \beta\alpha_1 = 0$$

$$\alpha_2\beta + \beta\alpha_2 = 0$$

$$\alpha_3\beta + \beta\alpha_3 = 0 \quad (5\text{–}4\text{–}5)$$

이 된다. 여기서 I는 단위행렬이다.

물리군 이러한 행렬을 어떻게 찾죠?

정교수 굉장히 어려운 일이야. 디랙은 좀 더 예쁜 표현을 만들기 위해

$$\beta = \alpha_4$$

로 두었어. 그러면 식 (5-4-5)는 다음과 같이 쓸 수 있지.

$$\alpha_\mu^2 = I \tag{5-4-6}$$

$$\alpha_\mu \alpha_\nu + \alpha_\nu \alpha_\mu = 0 \quad (\mu \neq \nu) \tag{5-4-7}$$

여기서 $\mu, \nu = 1, 2, 3, 4$라네. 이제 디랙은 네 개의 행렬 $\alpha_1, \alpha_2, \alpha_3, \alpha_4$를 찾아야 했지.

물리군 몇 차 정사각행렬이 되어야 하나요?

정교수 $\alpha_1\beta + \beta\alpha_1 = 0$을 다시 쓰면

$$\alpha_1\beta = -\beta\alpha_1$$

이야. 각각의 행렬이 N차 정사각행렬이라고 하세. 양변에 행렬식을 취하면

$$|\alpha_1||\beta| = (-1)^N|\beta||\alpha_1|$$

이 되지. 이 등식은 N이 짝수일 때만 성립한다네.

디랙은 $N = 2$일 때 식 (5-4-5)를 만족하는 $\alpha_1, \alpha_2, \alpha_3$과 β를 찾을 수 없었어. 그래서 $N = 4$인 경우를 생각했지. 그리고 파울리 행렬을 이용해 다음과 같은 4차 정사각행렬을 만들었네.

$$\sigma_1 = \begin{pmatrix} \sigma_x & O \\ O & \sigma_x \end{pmatrix} = \begin{pmatrix} 0 & 1 & 0 & 0 \\ 1 & 0 & 0 & 0 \\ 0 & 0 & 0 & 1 \\ 0 & 0 & 1 & 0 \end{pmatrix}$$

$$\sigma_2 = \begin{pmatrix} \sigma_y & O \\ O & \sigma_y \end{pmatrix} = \begin{pmatrix} 0 & -i & 0 & 0 \\ i & 0 & 0 & 0 \\ 0 & 0 & 0 & -i \\ 0 & 0 & i & 0 \end{pmatrix}$$

$$\sigma_3 = \begin{pmatrix} \sigma_z & O \\ O & \sigma_z \end{pmatrix} = \begin{pmatrix} 1 & 0 & 0 & 0 \\ 0 & -1 & 0 & 0 \\ 0 & 0 & 1 & 0 \\ 0 & 0 & 0 & -1 \end{pmatrix} \tag{5-4-8}$$

여기서 O는 2차 영행렬로

$$O = \begin{pmatrix} 0 & 0 \\ 0 & 0 \end{pmatrix}$$

일세.

물리군 행렬 속에 행렬이 들어 있네요.

정교수 이러한 행렬을 블록 행렬이라고 하지. 이들 행렬은 언뜻 보기에 2차 정사각행렬처럼 보이지만, 행렬의 각 원소가 2차 정사각행렬이기 때문에 4차 정사각행렬이야.

물리군 블록 행렬에도 곱셈 법칙이 있나요?

정교수 물론이야.

다음 두 블록 행렬을 보자.

$$\boldsymbol{\Phi} = \begin{pmatrix} A & B \\ C & D \end{pmatrix}$$

$$\boldsymbol{\Psi} = \begin{pmatrix} E & F \\ G & H \end{pmatrix}$$

여기서 A, B, C, D, E, F, G, H는 2차 정사각행렬이다. 이때 두 블록 행렬의 곱은

$$\boldsymbol{\Phi\Psi} = \begin{pmatrix} A & B \\ C & D \end{pmatrix}\begin{pmatrix} E & F \\ G & H \end{pmatrix}$$

$$= \begin{pmatrix} AE+BG & AF+BH \\ CE+DG & CF+DH \end{pmatrix}$$

로 정의한다. 그러므로 4차 정사각행렬 $\sigma_1, \sigma_2, \sigma_3$은 다음 성질을 만족한다.

$$\sigma_1^2 = \sigma_2^2 = \sigma_3^2 = I_4$$

$$\sigma_1\sigma_2 = i\sigma_3$$

$$\sigma_2\sigma_1 = -i\sigma_3$$

$$\sigma_2\sigma_3 = i\sigma_1$$

$$\sigma_3\sigma_2 = -i\sigma_1$$

$$\sigma_3\sigma_1 = i\sigma_2$$

$$\sigma_1\sigma_3 = -i\sigma_2 \tag{5-4-9}$$

이때 I_4는 4차 단위행렬로

$$I_4 = \begin{pmatrix} 1 & 0 & 0 & 0 \\ 0 & 1 & 0 & 0 \\ 0 & 0 & 1 & 0 \\ 0 & 0 & 0 & 1 \end{pmatrix}$$

이다. 예를 들어

$$\sigma_1^2 = \begin{pmatrix} \sigma_x & O \\ O & \sigma_x \end{pmatrix}\begin{pmatrix} \sigma_x & O \\ O & \sigma_x \end{pmatrix}$$

$$= \begin{pmatrix} \sigma_x^2 & O \\ O & \sigma_x^2 \end{pmatrix}$$

$$= \begin{pmatrix} I & O \\ O & I \end{pmatrix}$$

$$= I_4$$

이고,

$$\sigma_1\sigma_2 = \begin{pmatrix} \sigma_x & O \\ O & \sigma_x \end{pmatrix}\begin{pmatrix} \sigma_y & O \\ O & \sigma_y \end{pmatrix}$$

$$= \begin{pmatrix} \sigma_x\sigma_y & O \\ O & \sigma_x\sigma_y \end{pmatrix}$$

$$= \begin{pmatrix} i\sigma_z & O \\ O & i\sigma_z \end{pmatrix}$$

$$= i\begin{pmatrix} \sigma_z & O \\ O & \sigma_z \end{pmatrix}$$

$$= i\sigma_3$$

이 된다. 이것을 다음과 같이 쓸 수 있다.

$$\sigma_r^2 = I$$

$$\sigma_r\sigma_s + \sigma_s\sigma_r = 0 \qquad (r \neq s) \tag{5-4-10}$$

여기서 $r, s = 1, 2, 3$이다.

물리군 $\sigma_1, \sigma_2, \sigma_3$은 파울리 행렬과 똑같은 관계식을 만족하는군요.

정교수 맞아. 파울리 행렬이 2차 정사각행렬이라면 $\sigma_1, \sigma_2, \sigma_3$은 4차 정사각행렬이라는 게 다를 뿐이지.

디랙은 $\sigma_1, \sigma_2, \sigma_3$ 외에 다음과 같이 세 개의 4차 정사각행렬을 도입했다.

$$\rho_1 = \begin{pmatrix} O & I \\ I & O \end{pmatrix} = \begin{pmatrix} 0 & 0 & 1 & 0 \\ 0 & 0 & 0 & 1 \\ 1 & 0 & 0 & 0 \\ 0 & 1 & 0 & 0 \end{pmatrix}$$

$$\rho_2 = \begin{pmatrix} O & -iI \\ iI & O \end{pmatrix} = \begin{pmatrix} 0 & 0 & -i & 0 \\ 0 & 0 & 0 & -i \\ i & 0 & 0 & 0 \\ 0 & i & 0 & 0 \end{pmatrix}$$

$$\rho_3 = \begin{pmatrix} I & O \\ O & -I \end{pmatrix} = \begin{pmatrix} 1 & 0 & 0 & 0 \\ 0 & 1 & 0 & 0 \\ 0 & 0 & -1 & 0 \\ 0 & 0 & 0 & -1 \end{pmatrix} \tag{5-4-11}$$

이때

$$\rho_1^2 = \rho_2^2 = \rho_3^2 = I_4$$

$$\rho_1 \rho_2 = i\rho_3$$

$$\rho_2 \rho_1 = -i\rho_3$$

$$\rho_2 \rho_3 = i\rho_1$$

$$\rho_3 \rho_2 = -i\rho_1$$

$$\rho_3 \rho_1 = i\rho_2$$

$$\rho_1 \rho_3 = -i\rho_2 \tag{5-4-12}$$

가 된다. 이것을 다시 쓰면 다음과 같다.

$$\rho_r^2 = I$$

$$\rho_r\rho_s + \rho_s\rho_r = 0 \quad (r \neq s) \tag{5-4-13}$$

여기서 $r, s = 1, 2, 3$이다.

물리군 ρ_1, ρ_2, ρ_3도 파울리 행렬과 똑같은 관계식을 만족하네요.

정교수 그래. 파울리 행렬이 2차 정사각행렬이라면 ρ_1, ρ_2, ρ_3은 4차 정사각행렬이라는 게 다를 뿐이지.

물리군 디랙은 파울리 행렬과 같은 관계식을 만족하는 두 세트의 4차 정사각행렬들을 만들었군요!

정교수 맞아. 디랙이 만든 두 세트의 4차 정사각행렬들 사이에는 교환법칙이 성립하네.

$$\rho_r\sigma_s = \sigma_s\rho_r \quad (r, s = 1, 2, 3) \tag{5-4-14}$$

디랙은 이들 행렬을 이용해

$$\alpha_1 = \rho_1\sigma_1$$

$$\alpha_2 = \rho_1\sigma_2$$

$$\alpha_3 = \rho_1\sigma_3$$

$$\beta = \rho_3 \tag{5-4-15}$$

임을 알아냈어. 즉, 다음과 같아.

$$\alpha_1 = \begin{pmatrix} O & \sigma_x \\ \sigma_x & O \end{pmatrix}$$

$$\alpha_2 = \begin{pmatrix} O & \sigma_y \\ \sigma_y & O \end{pmatrix}$$

$$\alpha_3 = \begin{pmatrix} O & \sigma_z \\ \sigma_z & O \end{pmatrix}$$

$$\beta = \begin{pmatrix} I & O \\ O & -I \end{pmatrix} \quad (5\text{–}4\text{–}16)$$

물리군 이것이 식 (5–4–5)를 만족하나요?

정교수 물론이야. 예를 들어

$$\alpha_1^2 = \rho_1 \sigma_1 \rho_1 \sigma_1 = \rho_1^2 \sigma_1^2 = I^2 = I$$

이고,

$$\alpha_1 \alpha_2 = \rho_1 \sigma_1 \rho_1 \sigma_2 = \rho_1^2 \sigma_1 \sigma_2 = -\rho_1^2 \sigma_2 \sigma_1 = -\rho_1 \sigma_2 \rho_1 \sigma_1 = -\alpha_2 \alpha_1$$

이 되지.

물리군 나머지는 제가 체크해 볼게요.

정교수 좋아. 결과적으로 디랙의 파동방정식은

$$[c\rho_1(\sigma_1 p_1 + \sigma_2 p_2 + \sigma_3 p_3) + \rho_3 mc^2]\psi = E\psi \quad (5\text{–}4\text{–}17)$$

또는

$$\hat{H}\psi = \left[c\left(\alpha_1 p_1 + \alpha_2 p_2 + \alpha_3 p_3\right) + \beta mc^2\right]\psi = E\psi \qquad (5\text{–}4\text{–}18)$$

라네.[8] 그러므로 파동함수 ψ는 4×1 행렬이어야 하지. 시간 의존형 디랙 방정식은

$$i\hbar\partial_t\psi = \left[-i\hbar c\left(\alpha_1\partial_x + \alpha_2\partial_y + \alpha_3\partial_z\right) + \beta mc^2\right]\psi \qquad (5\text{–}4\text{–}19)$$

가 된다네.

물리군　디랙 방정식에서는 확률밀도가 음수가 아닌가요?

정교수　물론이야. 그것을 확인하기 위해서 우선 행렬에 대한 에르미트 켤레를 정의해야 해.

물리군　그건 뭐죠?

정교수　주어진 행렬의 원소를 모두 켤레복소수로 바꾸고 행과 열을 바꾸는 것을 말해. 예를 들어 a, b, c, d가 복소수일 때 행렬

$$A = \begin{pmatrix} a & b \\ c & d \end{pmatrix}$$

에 대해 이 행렬의 에르미트 켤레는 $A^\dagger$로 나타내는데

$$A^\dagger = \begin{pmatrix} a^* & c^* \\ b^* & d^* \end{pmatrix}$$

---

8) 디랙의 오리지널 논문의 식(9)에서 p_0은 $-p_0$으로 수정해야 한다.

가 된다네. 그리고 두 행렬의 곱에 대한 에르미트 켤레는 다음 식을 만족하지.

$$(AB)^\dagger = B^\dagger A^\dagger$$

따라서 다음과 같은 사실을 알 수 있어.

$$\alpha_1^\dagger = \alpha_1$$

$$\alpha_2^\dagger = \alpha_2$$

$$\alpha_3^\dagger = \alpha_3$$

$$\beta^\dagger = \beta$$

물리군 에르미트 켤레는 정사각행렬에만 적용되나요?

정교수 그렇지 않아. 예를 들어 4×1 행렬 ψ를

$$\psi = \begin{pmatrix} \psi_1 \\ \psi_2 \\ \psi_3 \\ \psi_4 \end{pmatrix}$$

라고 하면

$$\psi^\dagger = (\psi_1^* \ \ \psi_2^* \ \ \psi_3^* \ \ \psi_4^*)$$

가 되어, 1×4 행렬이 되지.

이제 디랙 방정식과 관련된 연속방정식을 찾아보자. 식 (5-4-19)의 왼쪽에 $\psi^\dagger$를 곱하면

$$i\hbar\psi^\dagger\partial_t\psi = \psi^\dagger\left[-i\hbar c(\alpha_1\partial_x + \alpha_2\partial_y + \alpha_3\partial_z) + \beta mc^2\right]\psi \quad (5\text{-}4\text{-}20)$$

가 된다. 식 (5-4-19)에 에르미트 켤레를 취하면

$$-i\hbar\partial_t\psi^\dagger = i\hbar c(\partial_x\psi^\dagger\alpha_1 + \partial_y\psi^\dagger\alpha_2 + \partial_z\psi^\dagger\alpha_3) + \beta mc^2\psi^\dagger$$

이고, 이 식의 오른쪽에 ψ를 곱하면 다음과 같다.

$$-i\hbar(\partial_t\psi^\dagger)\psi = i\hbar c(\partial_x\psi^\dagger\alpha_1 + \partial_y\psi^\dagger\alpha_2 + \partial_z\psi^\dagger\alpha_3)\psi + \beta mc^2\psi^\dagger\psi \quad (5\text{-}4\text{-}21)$$

식 (5-4-20)에서 식 (5-4-21)을 빼면

$$\partial_t(\psi^\dagger\psi) + \partial_x(c\psi^\dagger\alpha_1\psi) + \partial_y(c\psi^\dagger\alpha_2\psi) + \partial_z(c\psi^\dagger\alpha_3\psi) = 0$$

이 되어, 확률밀도는

$$\rho = \psi^\dagger\psi \quad (5\text{-}4\text{-}22)$$

이고, 플럭스의 각 성분은

$$J_x = c\psi^\dagger\alpha_1\psi$$

$$J_y = c\psi^\dagger\alpha_2\psi$$

$$J_z = c\psi^\dagger\alpha_3\psi \quad (5\text{-}4\text{-}23)$$

이다. 이때 확률밀도는

$$\rho = \psi^\dagger \psi$$

$$= (\psi_1^* \ \psi_2^* \ \psi_3^* \ \psi_4^*) \begin{pmatrix} \psi_1 \\ \psi_2 \\ \psi_3 \\ \psi_4 \end{pmatrix}$$

$$= \psi_1^* \psi_1 + \psi_2^* \psi_2 + \psi_3^* \psi_3 + \psi_4^* \psi_4$$

$$= |\psi_1|^2 + |\psi_2|^2 + |\psi_3|^2 + |\psi_4|^2 \tag{5-4-24}$$

이므로 음수가 되지 않는다. 그러니까 디랙 방정식에서는 확률밀도가 잘 정의됨을 알 수 있다.

물리군 클라인·고든 방정식의 문제를 디랙이 해결했군요.

정교수 그렇다네.

물리군 디랙 방정식에서 양의 에너지를 가진 전자와 음의 에너지를 가진 노새 전자는 어떻게 나오죠?

정교수 전자와 노새 전자가 함께 나오게 돼. 전자와 노새 전자가 정지해 있는 경우를 생각하면 운동량은 0이야. 즉, $p_1 = p_2 = p_3 = 0$이지. 이것을 식 (5-4-18)에 넣으면 다음과 같아.

$$\beta mc^2 \psi = E\psi \tag{5-4-25}$$

여기서

$$\psi = \begin{pmatrix} \varphi \\ \chi \end{pmatrix}$$

라고 놓아 볼까? 이때 φ와 χ는 2×1 행렬이야. 그러면 식 (5-4-25)는

$$\hat{H}\begin{pmatrix} \varphi \\ \chi \end{pmatrix} = mc^2 \begin{pmatrix} I & O \\ O & -I \end{pmatrix}\begin{pmatrix} \varphi \\ \chi \end{pmatrix}$$

가 되지. 이것은

$$\hat{H}\varphi = mc^2 \varphi$$

$$\hat{H}\chi = -mc^2 \chi$$

를 의미하네. 그러니까 φ는 양의 에너지를 가진 전자를, χ는 음의 에너지를 가진 노새 전자를 묘사하는 것이지.

물리군　그렇군요.

디랙의 구멍이론 _ 디랙의 바다에 생긴 구멍

물리군　디랙의 1928년 논문에 대한 사람들의 반응은 어땠나요?

정교수　많은 주목을 받았지. 하지만 그의 이론을 지지하는 학자들도 있었고, 말도 안 되는 이론이라고 생각하는 학자들도 있었어.

물리군 왜 말이 안 되는 이론이라고 생각한 거죠?

정교수 음의 에너지를 가진 노새 전자에 대한 거부감이 있었기 때문일세. 정상적인 전자는 양의 에너지를 갖고 있고 노새 전자는 음의 에너지를 갖고 있어. 음수는 양수보다 항상 작으므로 노새 전자의 에너지는 정상적인 전자의 에너지보다 작아. 물리학에서 에너지가 더 낮다는 것은 더 안정된 상태임을 의미해. 그리고 물리법칙은 물체가 점차 안정된 상태로 바뀌어 감을 말해 주지. 그렇다면 정상적인 전자는 더 안정된 상태인 노새 전자로 점차 바뀌어 세상에는 양의 에너지를 가진 정상적인 전자가 존재하지 않게 될 거야.

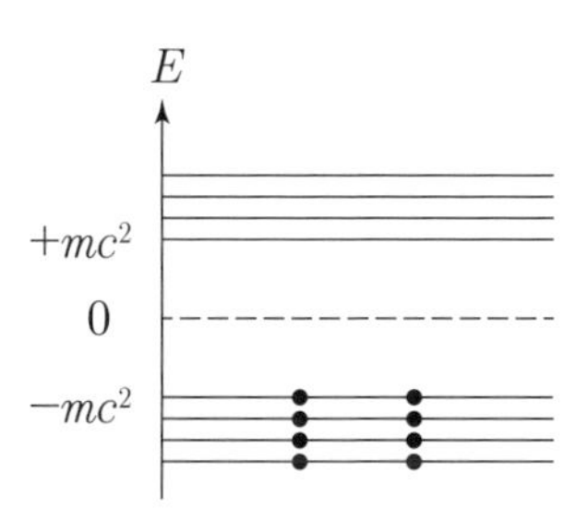

물리군 그런데 세상에는 정상적인 전자들이 무수히 많이 존재하잖아요?

정교수 그렇지. 실제로 정상적인 전자는 안정된 입자여서 다른 어떤 입자로 바뀌지 않았고, 음의 에너지를 가진 노새 전자는 발견되지 않았어.

1929년 디랙은 정상적인 전자가 왜 노새 전자로 바뀌지 않는지 궁

금했다. 그때 머릿속에 갑자기 묘한 생각이 떠올랐다.

'정상적인 전자가 노새 전자가 되려고 해도, 공간 전체가 노새 전자로 꽉 채워져 있다면 노새 전자로 바뀔 수 없는 것이 아닐까?'

–디랙

인기 있는 가수의 콘서트는 표가 일찍 매진되어 좌석(노새 전자)이 꽉 찬다. 따라서 돈(정상적인 전자)으로 좌석표(노새 전자)를 살 수 없는 것과 같은 이치이다.

이때 공간은 무한개의 노새 전자로 채워져 있으므로 무한대의 질량과 무한대의 전하량을 갖는다. 그에 비해 정상적인 전자는 이제 노새 전자로 변하지 않으므로 안정된 입자로서 유한한 공간에 존재한다. 디랙은 이렇게 무한개의 노새 전자로 채워져 있는 무한한 공간을 디랙의 바다라고 불렀다.

디랙은 노새 전자가 공간을 꽉 채우고 있어 우리는 볼 수 없지만, 정상적인 전자는 노새 전자와 에너지가 다르므로 노새 전자들의 공간을 마음대로 움직일 수 있고, 전 공간에 퍼져 있는 것이 아니라 어떤 작은 공간에 분포되어 있어서 관측 가능하다고 생각했다.

물리군 공간은 무한하잖아요? 무한한 공간이 노새 전자들로 채워져 있으면 무한대의 질량과 무한대의 전하량이 될 텐데 이것을 관측할 수 있나요?

정교수 무한히 넓은 바다를 한번 생각해 보게. 바닷물의 양이 무한하니까 그 질량을 측정할 수 없지. 이렇게 무한한 공간 전체에 균일하게 퍼져 있는 질량 또는 물리량을 관측할 수는 없어.
그런데 바닷속에 기포가 생겼다고 가정하세. 중력이 밑으로 향함에도 불구하고 기포는 위로 향하네. 이때 바닷물을 구성하는 물질이 양의 질량을 가졌다면 바닷속에 생긴 구멍은 마치 질량의 부호가 음으로 바뀐 것처럼 행동하지. 마찬가지로 노새 전자로 꽉 채워져 있는 디랙의 바다에 우연히 노새 전자가 빠져나간 구멍이 생긴다면 이 구멍은 어떤 행동을 할까?

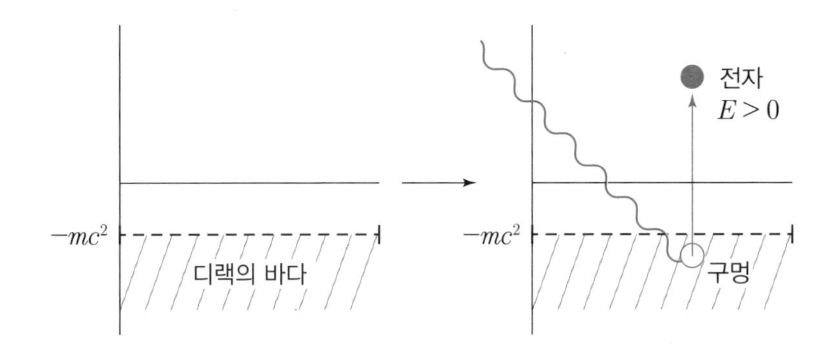

물리군 노새 전자와 반대되는 행동을 하겠지요.

정교수 전자와 노새 전자는 질량이 같아. 그러니까 반대가 될 수 있는 양은 전하량이야. 즉, 디랙의 바다에서 노새 전자가 빠져나간 구멍은 노새 전자의 전하량과 반대 부호의 전하량을 갖는 입자처럼 행동할 걸세. 노새 전자가 음의 전하량을 갖고 있으므로 구멍은 양의 전하량을 가져야 하지. 이것이 바로 그 유명한 디랙의 구멍이론이라네.

디랙은 노새 전자가 빠져나간 구멍을 처음에는 양성자라고 생각했다. 당시까지 알려진 입자는 전자, 양성자, 광자 정도였고, 이 중 전자와 반대 부호의 전하량을 갖는 입자는 양성자뿐이었기 때문이다.

이 생각에 대해 파울리는 다음과 같이 반박했다.

"구멍이 양성자라면 이 구멍이 정상적인 전자와 만나는 순간 구멍은 정상적인 전자로 채워집니다. 정상적인 전자가 양의 에너지를 갖고 있으므로 음의 에너지를 가진 입자들만 살 수 있는 디랙의 바다로 가려면 에너지를 버려야 합니다. 이 버려진 에너지는 방출되는 감마선의 에너지가 됩니다. 디랙의 바다는 우리가 볼 수 없는 세계이므로 디랙의 바다 속에 있는 구멍(양성자)에 들어간 전자는 우리 눈에 보이지 않습니다. 이는 양성자와 전자가 만나면 우리가 볼 수 있는 세상에서 사라지고 감마선이 되어 버린다는 것을 의미합니다. 모든 물체는 원자로 구성되어 있고 원자는 같은 수의 양성자와 전자로 이루어져 있으므로, 결국 이들이 만나 다 사라지고 우주에는 온통 빛(감마선)만 남는다는 것입니다."

–파울리

디랙과 파울리
(출처: 런던 과학 박물관/Wikimedia Commons)

디랙은 파울리의 반론에 이의를 제기할 수 없었다. 다시 디랙의 구멍이론과 음의 에너지를 가진 노새 전자 아이디어는 심각한 위기에 봉착했다. 하지만 그 누구도 새로운 입자를 떠올리지는 않았다.

양전자의 발견 _ 디랙이 예언한 전자의 반입자

물리군 구멍이 양성자가 아니라면 새로운 입자를 나타내겠군요.

정교수 바로 그거야. 이 새로운 입자를 발견한 사람은 미국의 앤더슨이라네.

앤더슨(Carl David Anderson, 1905~1991, 1936년 노벨 물리학상 수상)

앤더슨은 스웨덴 이민자의 아들로 뉴욕에서 태어났다. 그는 캘리포니아 공과대학(캘텍, Caltech)에서 물리학과 공학을 공부해 1930년에 박사 학위를 받았다. 그리고 밀리컨(Robert Millikan) 교수의 지도 아래 우주에서 오는 방사선을 연구했다.

1932년에 그는 디랙이 예언한 전자의 반입자를 발견하고 이 입자를 양전자라고 명명했다. 그리고 이 업적으로 1936년 노벨 물리학상을 받았다.

앤더슨은 삶의 거의 대부분을 캘텍에서 보냈다. 그는 제2차 세계대전 중에 로켓 연구를 수행했다. 1938년에는 미국 국립과학원과 미국 철학학회 회원으로 선출되었고, 1975년 미국 공로 아카데미(American Academy of Achievement)로부터 골든 플레이트 상(Golden Plate Award)을 받았다.

물리군 앤더슨은 어떻게 양전자를 발견했나요?

정교수 1931년부터 앤더슨은 우주 방사선이 안개상자를 지나가는 사진을 많이 촬영했네. 그는 안개상자에 자석을 놓고 우주 방사선을 연구하다가 이상한 사진 한 장을 찍었지. 이 사진에는 한 점에서 출발해 서로 반대 방향으로 구부러진 두 개의 비적이 관찰되었어. 전기를 띤 두 입자가 자석 속에서 서로 다른 방향으로 휘어지는 것은 두 입자의 전하가 반대 부호임을 의미한다네. 앤더슨은 하나의 비적은 전자가 만들어내는 비적임을 확인했어. 그리고 나머지 하나는 전자와 반대의 전기를 띤 전자의 반입자의 비적임을 알게 되었지.

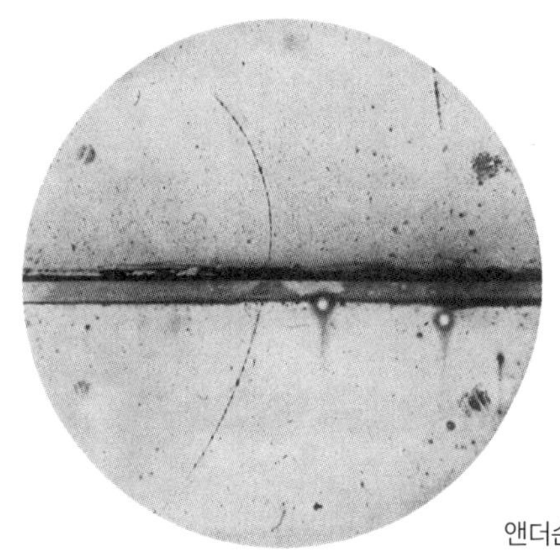

앤더슨이 촬영한 양전자

물리군 이 입자가 바로 노새 전자군요.

정교수 맞아. 앤더슨은 노새 전자 발견에 관한 논문을 미국 물리학회에서 발행하는 《Physical Review》에 투고했네. 논문을 심사하는 과학자가 제안하기를, 노새 전자는 전자와 질량이 같지만 양의 전기를 띠고 있으므로 '양'을 뜻하는 positive와 '전자'를 나타내는 electron을 합쳐 positron이라고 하면 어떻겠냐고 했지. 이것은 양전자라는 이름으로 번역되었다네. 앤더슨은 그 제안을 받아들여 논문을 〈양전자의 발견〉으로 수정한 거야.
앤더슨의 양전자 발견을 가장 기뻐한 사람은 디랙이었어. 자신이 수학적으로 예언한 새로운 입자가 발견되었으니까 말일세.

디랙의 바다에 생긴 구멍은 바로 양전자였다. 이를 정리하면 전자와 양전자가 만나면 빛(감마선)이 되어 사라지고, 우주에서 날아오는 높은 에너지를 가진 감마선으로부터 전자와 양전자가 만들어진다. 이것을 물질의 쌍생성과 쌍소멸이라고 부른다.

그러면 쌍생성과 쌍소멸을 디랙의 구멍이론으로 다시 설명해 보자.

예를 들어 −2라는 음의 에너지를 갖는 양전자들로 가득 찬 디랙의 바다를 생각하자. 물론 디랙의 바다 속 노새 전자들은 우리 눈에 보이지 않는다. 이때 디랙의 바다에 +4의 에너지를 가진 감마선(γ)을 쪼이면 −2의 에너지를 가진 양전자 하나가 $-2+4=+2$의 에너지를 갖게 된다. 이는 정상적인 전자의 탄생을 의미한다. 그리고 양전자가 있던 자리는 구멍이 되는데, 이 구멍이 바로 전자의 반입자인 양전자이다. 결국 감마선이 전자 한 개와 양전자 한 개를 동시에 탄생시킨 셈이다. 이것이 바로 물질의 쌍생성이다.

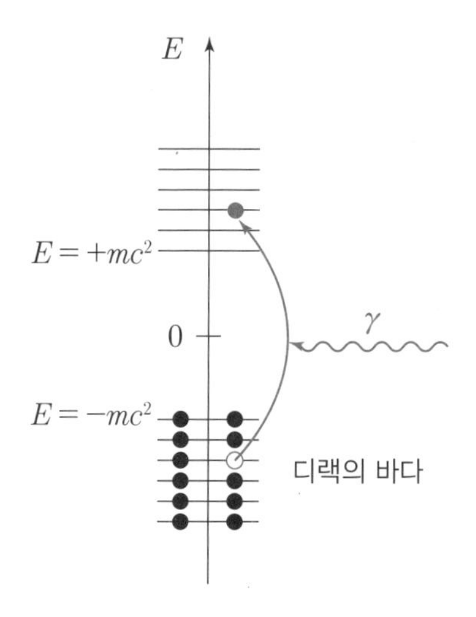

이번에는 물질의 쌍소멸에 대해 설명하겠다. 구멍이 하나 있는 디랙의 바다를 생각하자. 이때 +2의 에너지를 가진 정상적인 전자가 이 구멍을 채우려면 어떻게 되어야 하는가? 디랙의 바다의 양전자가 되려면 −2의 에너지를 가져야 한다. 결국 이 정상적인 전자는 디랙의 바다의 구멍을 채우기 위해서 +4의 에너지를 버려야 한다. 이때 버려진 +4의 에너지를 갖는 감마선이 발생하고, 정상적인 전자는 디랙의 바다의 구멍을 채우고 우리 눈에 보이지 않게 된다. 이것이 바로 물질의 쌍소멸이다.

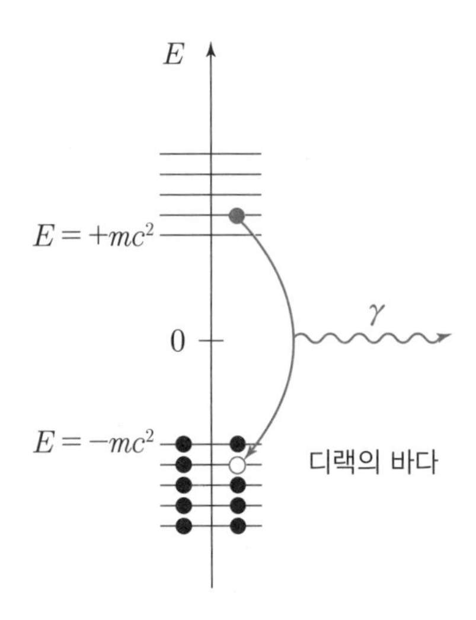

디랙의 쌍생성 및 쌍소멸 이론은 전자와 양전자에 국한하지 않고 일반화되어, 모든 입자는 자신과 질량은 같고 전하량은 반대인 반입자를 가지며 이들이 만나면 빛으로 사라진다는 사실이 나중에 알려진다. 디랙의 구멍이론에 따라 어떤 입자가 있으면 그의 짝인 반입자가 있으며, 입자의 에너지가 양이면 반입자의 에너지는 크기가 같고 부호는 음이 된다.

반물질의 발견 _새로운 반입자를 찾는 실험

물리군 양성자의 반입자도 있나요?

정교수 물론이야. 양성자의 반입자를 반양성자라고 부른다네. 양전자를 얻기 위해서는 백만 전자볼트 정도의 에너지가 필요한데, 이 정도는 우주선에서 얻을 수 있으므로 양전자는 주로 우주선 속의 감마선에 의해 만들어지지. 그러나 반양성자를 만드는 데는 20억 전자볼트 이상의 에너지를 요구하네. 그래서 인공적으로 아주 큰 에너지를 낼 수 있는 입자 가속기가 필요해.

1953년 반양성자를 찾기 위해 두 개의 양성자 가속기가 건설되었어. 하나는 뉴욕 근처 브룩헤이븐 국립연구소의 23억 전자볼트 에너지를 갖는 코스모트론이고, 다른 하나는 캘리포니아 대학의 62억 전자볼트의 베바트론이야.

코스모트론

베바트론

물리군 반양성자는 누가 발견했나요?

정교수 미국의 세그레와 체임벌린이 베바트론으로 반양성자를 발견했다네.

왼쪽부터 첫 번째가 세그레, 네 번째가 체임벌린

베바트론은 반양성자를 생성할 수 있을 만큼 에너지가 충분하도록 제작되었다. 또한 모든 입자에 해당하는 반입자가 있다는 가설을 테스트하는 것이 목적이었다. 1955년 10월 미국 캘리포니아 대학의 세그레와 체임벌린은 베바트론을 사용하여 반양성자를 발견했다.

그리고 일 년 후인 1956년 브루스 코크(Bruce Cork) 팀이 반중성자를 발견했다.

물리군 그렇다면 반양성자 주위를 양전자가 도는 경우도 있나요?

정교수 맞아. 그것을 반원자라고 불러. 반원자 중에서 가장 간단한 경우는 반수소일세. 반수소는 반양성자 한 개와 양전자 한 개로 이루어져 있지. 1995년 유럽입자물리연구소인 CERN은 PS210 실험에서 9개의 뜨거운 반수소 원자를 성공적으로 생성했다네. 이 실험은 욀레르트(Walter Oelert)와 마크리(Mario Macri)가 주도했어.

CERN에서 마크리와 욀레르트(출처: CERN Document Server)

물리군 앞으로도 끊임없이 반물질이 발견되겠네요.

정교수 물리학자들은 그렇게 믿고 있다네. 유럽입자물리연구소나 미국도 새로운 반입자를 찾기 위한 실험을 추진 중이야. 언젠가는 더 많은 반물질이 발견되어 반원자, 반분자, 반세포 등을 생각하게 될지도 모르지.

물리군 모든 입자가 반입자를 가지고 있으니까 결국 입자의 종류는 2배로 늘어난 거군요.

정교수 그렇다네.

만남에 덧붙여

" Zur Quantenmechanik des magnetischen Elektrons," Zeit. f. Phys. **43** (1927), 601-623.

On the quantum mechanics of magnetic electrons

By **W. PAULI, Jr.** in Hamburg

(Received on 3 May 1927)

Translated by D. H. Delphenich

It will be shown how one can arrive at a formulation of the quantum mechanics of the magnetic electron by the Schrödinger method of eigenfunctions, with no use of double-valued functions, when one, on the basis of the Dirac-Jordan general theory of transformations, introduces the components of its proper impulse moment in a fixed direction as further independent variables in order to carry out the computations of its rotational degrees freedom, along with the position coordinates of any electron. In contradiction to classical mechanics, these variables can assume only the variables $+\frac{1}{2}\frac{h}{2\pi}$ and $-\frac{1}{2}\frac{h}{2\pi}$, which is completely independent of any sort of external field. The appearance of the aforementioned new variables thus implies a simple splitting of the eigenfunctions into two position functions ψ_α, ψ_β for one electron, and more generally, for N electrons they split into 2^N functions, which are to be regarded as the "probability amplitudes" that in a well-defined stationary state of the system not only do the position coordinates of the electrons lie in a given infinitesimal interval, but also that the components of their proper moments in the chosen direction should have the given values, which are $+\frac{1}{2}\frac{h}{2\pi}$ for ψ_α and $-\frac{1}{2}\frac{h}{2\pi}$ for ψ_β. Methods will be given for constructing as many simultaneous differential equations for the ψ functions as their number suggests (thus, 2 or 2^N, resp.) from a given Hamiltonian function. These equations are completely equivalent in their consequences to the matrix equations of Heisenberg and Jordan. Furthermore, in the case of many electrons, the solutions of the differential equations that satisfy the "equivalence rule" of Heisenberg and Dirac will be characterized by their symmetry properties under the exchange of the variable values for the two electrons.

§ 1. Generalities on the nature of electronic magnetism in the Schrödinger form of quantum mechanics. The hypothesis that was first proposed by Goudsmit and Uhlenbeck in order to explain the complex structure of spectra and their anomalous Zeeman effect, according to which the electron takes on a proper impulse moment of magnitude $\frac{1}{2}\frac{h}{2\pi}$ and a magnetic moment of a magneton, was integrated into quantum mechanics by Heisenberg and Jordan [1]) with the help of matrix calculations and then made quantitatively precise. While the matrix method is mathematically equivalent to the method of eigenfunctions in many-dimensional space that was discovered by Schrödinger, one comes up against peculiar formal complications when one attempts to also treat the forces and moments that an electron experiences in an external field by the method of its proper moment. By the introduction of a further degree of freedom that

---

[1]) Zeit. f. Phys. **37** (1926), 263.

corresponds to the orientation of the proper impulse of the electron in space, one actually expresses the empirically-established fact that this momentum has two possible quantum positions in an external field, so one is next led to eigenfunctions that are many-valued, and indeed, two-valued, in the rotational angle in question – e.g., the azimuth of the impulse around a spatially fixed axis. One has often supposed that this formally possible representation by means of two-valued eigenfunctions does not do justice to the true physical nature of things and has sought the solution to the problem in another direction. Thus, Darwin [1]) has recently attempted to gather the facts that are summarized under the assumption of the electron impulse without the introduction of the top degrees of freedom for the electron that would correspond to new dimension in the configuration space, so he considered the amplitudes of the de Broglie waves as directed quantities – i.e., he considered the Schrödinger eigenfunction as vectorial. From his attempt to follow this, on first glance promising, path to its ultimate consequences, he came to complications that were again connected precisely with the number two for the positions of the electron in an external field, and which I do not believe one can surmount. On the other hand, a representation of the quantum-mechanical behavior of the magnetic electron using the method of eigenfunctions, especially in the case of atoms with many electrons, is very desirable for the fact that the variety that is realized in nature alone results for the solutions of the quantum-mechanical equations that fulfill the "equivalence rule" for all of the possible solutions of the present theory of Heisenberg [2]) and Dirac [2]) most clearly with the help of symmetry properties of the eigenfunctions under the exchange of the variable values that belong to two electrons.

We would now like to show that by a suitable use of the formulation of quantum mechanics, as described by Jordan [3]) and Dirac), which makes use of general canonical transformations of the Schrödinger functions ψ, a quantum-mechanical representation of the behavior of magnetic electrons by the method of eigenfunctions is, in fact, possible, without appealing to many-valued functions. Namely, one achieves this by adding the components of the proper impulse of each electron in a fixed direction (instead of the rotational angle that is conjugate to it) as new independent variables, along with the position coordinates q of the electron center of mass. As we will see in what follows in § 2 in the special case of a single electron, in any quantum state (in the absence of degeneracy) the eigenfunction generally splits into two functions $\psi_\alpha(q_k)$ and $\psi_\beta(q_k)$, of which the square of the absolute value, when multiplied by $dq_1, \ldots, dq_f$, yields the probability that in this state, not only should the q_k lie in the prescribed interval $(q_k, q_k + dq_k)$, but also that the components of the proper impulse in the chosen fixed direction must assume the values $+\frac{1}{2}\frac{h}{2\pi}$ $(-\frac{1}{2}\frac{h}{2\pi}$, resp.). It will be further shown how, by a suitable choice of linear operators for the components s_x, s_y, s_z of the proper moment in a prescribed coordinate axis-cross, differential equations for the eigenfunctions of the magnetic electron in an external force field can be constructed that are equivalent to the matrix equations of Heisenberg and Jordan. This will be performed in detail in § 4 for

[1]) Nature **119** (1927), 282.

[2]) W. Heisenberg, Zeit. f. Phys. **38** (1926), 411; **39** (1926), 499; **41** (1927), 239; P. A. M. Dirac, Proc. Roy. Soc. **112** (1926), 661.

[3]) P. Jordan, Zeit. f. Phys. **40** (1927), 809; Gött. Nachr. (1926), pp. 161; P. A. M. Dirac, Proc. Roy. Soc. (A) **113** (1927), 621; cf., also F. London, Zeit. f. Phys. **40** (1926), 193.

the case of an electron at rest in an external magnetic field and for a hydrogen atom. It will be further investigated how the eigenfunctions ψ_α, ψ_β transform under changes of the coordinate axes (§ 3).

The differential equations for the eigenfunctions of the magnetic electron that are given in the present paper can be regarded as only provisional and approximate, since they, like the Heisenberg-Jordan matrix formulation, are not written down in a relativistically-invariant way, and for the hydrogen atom they are valid only in the approximation in which the dynamical behavior of the proper moment can be considered to be a secular perturbation (in the classical theory: averaged over the orbit). In particular, it thus not possible to calculate quantum-mechanically the corrections that are proportional to higher powers of $\alpha^2 Z^2$ ($\alpha = \frac{2\pi e^2}{hc}$ = fine structure constant) in the amounts of the hydrogen fine-structure splitting, such as the empirically established amounts for the Röntgen spectra that are given so well by the Sommerfeld formula. These difficulties, which are still obstacles to the solution of this problem to this day, will be discussed briefly in § 4.

Thus, whether or not the formulation of the quantum mechanics of the magnetic electron that is communicated here is still completely unsatisfactory in that regard, on the other hand, it affords the advantage that in the case of many electrons (in contrast to the Darwin formulation), as will be shown in § 5, it gives rise to no new difficulties at all and also allows one, like Heisenberg, to easily formulate necessary symmetry properties of the eigenfunction in order for it to fulfill the "equivalence rule." In particular, on this basis, it already seems to me justified to communicate the method proposed at the present point in time, and one can perhaps hope that it will also prove useful in the unsolved problem of the calculation of the hydrogen fine structure in higher approximations.

§ 2. Introduction of the components of the proper moment of the electron in a fixed direction as independent variables for the eigenfunction. Definition of the operators that correspond to the components of the proper moment. In classical mechanics, the dynamical behavior of the electron moment can be described by the following pairs of canonical variables: The amount s of the total proper moment of the electron and the rotation angle χ around its axis. Secondly, one has the component s_z of this moment in a fixed direction z and the azimuth φ of the moment vector around the z-axis, as measured in the (xz)-plane. Since the quotient s_z / s yields the cosine of the angle between this vector and the z-axis, these x and y components are given by:

$$s_x = \sqrt{s^2 - s_z^2} \cos \varphi, \quad s_y = \sqrt{s^2 - s_z^2} \sin \varphi .$$

Since the rotation angle χ is always cyclic, so it does not enter into the Hamiltonian function, s remains constant, and can be regarded as a fixed number, such that only (s_z, φ) remains as the actual canonical variable pair that is determined by the dynamical behavior of the electron moment.

By an application of the original Schrödinger method, one thus has an eigenfunction for the presence of a single electron in any quantum state (which is already uniquely characterized by a well-defined energy value E by lifting the degeneracy in external fields) that depends on not just the three position coordinates of thc electron center of mass (which are denoted briefly by q_k , or also q), but also on the angle φ. This then gives:

$$| \psi_E(q, \varphi) |^2 \, dq_1 \, dq_2 \, dq_3 \, d\varphi$$

as the probability that in the quantum state in question of energy E the position coordinates should lie in the intervals q_k , $q_k + dq_k$, while the angle φ should lie in (φ, φ+ $d\varphi$). If the impulse coordinate s_z that is conjugate to φ appears in any dynamical function then it would be replaced with the operator $\frac{h}{2\pi i}\frac{\partial}{\partial\varphi}$, which is applied to the eigenfunction ψ, just as the impulse coordinate p_k of the translational motion that is conjugate to q_k will be represented by the operator $\frac{h}{2\pi i}\frac{\partial}{\partial q_k}$. As is known, the fact that the number of allowed quantum orientations for the electron moment is two implies the consequence that the function $\psi_E(q, \varphi)$ thus defined cannot return to its starting value as φ continually advances from the value 0 to 2π, but must change its sign.

Meanwhile, one can avoid the appearance of such two-valuedness, like the explicit use of any polar angle whatsoever, in such a way that one introduces the impulse component s_z as an independent variable in the eigenfunction in place of φ. Thus, an especially simplified situation appears in quantum mechanics: In classical mechanics, in general, s_z will be capable of taking on a continuum of values for a certain energy (e.g., when the moment vector precesses around a direction that is different from the z-axis), except for the special case in which s_z is precisely an integral of the equations of motion. In quantum mechanics, however, s_z can, by being conjugate to an angle coordinate, assume only the characteristic values $+\frac{1}{2}\frac{h}{2\pi}$ and $-\frac{1}{2}\frac{h}{2\pi}$; this shall mean that the function $\psi_E(q, \varphi)$ splits into two functions $\psi_{\alpha, E}(q, \varphi)$ and $\psi_{\beta, E}(q, \varphi)$ that correspond to the values $s_z = +\frac{1}{2}\frac{h}{2\pi}$ and $s_z = -\frac{1}{2}\frac{h}{2\pi}$, resp. This makes:

$$| \psi_{\alpha, E}(q, \varphi) |^2 \, dq_1 \, dq_2 \, dq_3$$

the probability that in the stationary state considered one simultaneously has that q_k lies in (q_k, $q_k + dx_k$) and s_z has the value $+\frac{1}{2}\frac{h}{2\pi}$, and:

$$| \psi_{\beta, E}(q, \varphi) |^2 \, dq_1 \, dq_2 \, dq_3$$

is the probability that for the same value of q_k the impulse component s_z assumes the value $-\frac{1}{2}\frac{h}{2\pi}$. Any attempt to measure the magnitude of s_z in a certain stationary state will always yield only the two values $+\frac{1}{2}\frac{h}{2\pi}$ and $-\frac{1}{2}\frac{h}{2\pi}$, and also when s_z does not represent an integral of the equations of motion. *This special case (e.g., a strong magnetic field in the z-direction) is, moreover, distinguished by the fact that here, for a well-defined energy E, only one of the two functions $\psi_{\alpha E}$ or $\psi_{\beta E}$ is ever different from zero.* For a well-defined choice of the coordinate system ψ_α and ψ_β are determined completely, up to a common phase factor, in any stationary state by the normalization:

$$\int(|\psi_\alpha|^2 + |\psi_\beta|^2)\, dq_1\, dq_2\, dq_3 = 1. \tag{1a}$$

The orthogonality relation:

$$\int(\psi_{\alpha,n}\psi^*_{\alpha,m} + \psi_{\beta,n}\psi^*_{\beta,m})\, dq_1 dq_2 dq_3 = 0 \qquad \text{for } n \neq m \tag{1b}$$

must also be valid. In it, the indices n, m denote two distinct quantum states and the * that is affixed (here, as in the sequel) denotes the complex conjugate value [1]).

In order to be able to later describe the differential equations that the functions ψ_α, ψ_β satisfy for a given Hamiltonian function, one can proceed in such a way that one expresses them as functions of (p_k, q_k) and (s_z, φ), and then replaces p_k with the operator $\frac{h}{2\pi i}\frac{\partial}{\partial q_k}$ and φ with the operator $-\frac{h}{2\pi i}\frac{\partial}{\partial s_z}$. The total operator would then be applied to $\psi(q_k, s_z)$, and ultimately one would pass to the limit in which y is non-zero only for $s_z = +\frac{1}{2}\frac{h}{2\pi}$ and $s_z = -\frac{1}{2}\frac{h}{2\pi}$. However, such behavior would be confusing and less convenient. The Hamilton function that actually enters in always includes the angular impulse components sx, sy, sz as variables and is therefore preferable for this purpose without the detour of introducing the operator that is appropriate to the polar angle φ.

These operators must satisfy the same commutation relations (up to a sign, cf., *infra*) as the matrices in questions, namely:

$$[\mathbf{s}\ \mathbf{s}] = -\frac{h}{2\pi i}\mathbf{s}; \qquad \mathbf{s}^2 = \left(\frac{h}{2\pi}\right)^2 s(s+1) \quad \text{with} \quad s = 1/2,$$

in which $\mathbf{s}$ means a vector matrix with the components $\mathbf{s}_x$, $\mathbf{s}_y$, $\mathbf{s}_z$ [2]). For the sake of simplicity, in what follows if we measure $\mathbf{s}$ in units of $\frac{1}{2}\frac{h}{2\pi}$ (i.e., one replaces $\mathbf{s}$ with $\frac{1}{2}\frac{h}{2\pi}\mathbf{s}$) and write out the vector equations in components then we obtain:

---

[1]) Let it be mentioned at this point that according to the Dirac-Jordan transformation theory, the aforementioned function $\psi(q, \varphi)$ is connected with the functions ψ_α, ψ_β according to the formulas:

$$\psi(q, \varphi) = \psi_\alpha(q)\, e^{i\varphi/2} + \psi_\beta(q)\, e^{-i\varphi/2}.$$

[2]) Cf., W. Heisenberg and P. Jordan, *loc. cit.*, eq. (10). – Matrices and operators (or "*q*-numbers") will always be characterized by boldface in the sequel.

$$\left.\begin{aligned} s_x s_y - s_y s_x &= 2is_z, \cdots, \\ s_x^2 + s_y^2 + s_z^2 &= 3, \end{aligned}\right\} \tag{2}$$

in which the ... imply the equations emerge from the one written down by cyclic permutations of the coordinates [1]).

This suggests that we make the Ansatz for the operations s_x, s_y, s_z that satisfy the relations (2) that they are linear transformations of the ψ_α and ψ_β, and indeed the simplest possible Ansatz is the following one:

$$\left.\begin{aligned} s_x(\psi_\alpha) &= \psi_\beta, & s_x(\psi_\beta) &= \psi_\alpha, \\ s_y(\psi_\alpha) &= -i\psi_\beta, & s_y(\psi_\beta) &= i\psi_\alpha, \\ s_z(\psi_\alpha) &= \psi_\alpha, & s_z(\psi_\beta) &= -\psi_\beta. \end{aligned}\right\} \tag{3}$$

One can also write these relations in the symbolic matrix form:

$$s_x(\psi) = \begin{pmatrix} 0 & 1 \\ 1 & 0 \end{pmatrix} \cdot \psi; \quad s_y(\psi) = \begin{pmatrix} 0 & -i \\ i & 0 \end{pmatrix} \cdot \psi; \quad s_z(\psi) = \begin{pmatrix} 1 & 0 \\ 0 & -1 \end{pmatrix} \cdot \psi. \tag{3'}$$

Relations (2) are thus to be interpreted as saying that when the matrices (3′) are substituted in (2), with an application of the usual prescription for matrix multiplication

---

[1]) As a result of the special circumstance that the number of allowed quantum positions of $\mathfrak{s}$ has the value two (so it can be treated as a two-rowed matrix), in addition to (2), one has the further sharpened relations:

$$\left.\begin{aligned} s_x s_y - s_y s_x &= is_z, \cdots, \\ s_x^2 + s_y^2 + s_z^2 &= 1. \end{aligned}\right\} \tag{2a}$$

One sees this most simply when one chooses s_z to be a diagonal matrix (although the relations are true in general). By contrast, for many-component matrices that fulfill (2) (in which the value 3 is replaced with $r^2 - 1$, where r is the number of rows of the matrix), s_x s_y and s_x^2 would not have vanishing matrix elements in those positions whose row index differs from the column index by 2 (which then correspond to transitions of the quantum number that belongs to s_z by two units), so equations (2a) could be valid.

On the existence of relations (2a), I would cordially refer to P. Jordan, to whom I would also like to express my thanks at this point. He also brought to my attention the following connection with quaternion theory: If one writes a quaternion Q in the form:

$$Q = k_1 A + k_2 B + k_3 C + D$$

then the "units" k_1, k_2, k_3 satisfy the relations:

$$\begin{aligned} k_1 k_2 = -k_2 k_1 &= k_3, \ldots, \\ k_1^2 = k_2^2 = k_3^2 &= -1. \end{aligned}$$

These are equivalent to the relations (2a), when one sets:

$$s_x = ik_1, \qquad s_y = ik_2, \qquad s_z = ik_3.$$

the matrices [1]) satisfy these relations. *The corresponding operators therefore satisfy equations that emerge from* (2) *by permuting the order of all multiplications* [2]). The justification for this prescription will come to us by way of the general connection between operator algebra and matrix algebra. The last of relations (3) is obviously physically necessary when ψ_α and ψ_β mean the probability amplitudes for $\boldsymbol{s}_z$ (measured in units of $\frac{1}{2}\frac{h}{2\pi}$) to assume the value + 1 or – 1, because the operator $\boldsymbol{s}_z$ must then imply simply multiplication of the eigenfunction by the numerical value of $\boldsymbol{s}_z$. The fact that in the special choice of $\boldsymbol{s}_x$, $\boldsymbol{s}_y$ that is included in the demand that relations (2) follow from normalization implies no loss of generality will be made clear in the following paragraphs, where the behavior of the functions ψ_α, ψ_β under a shift of the axes for the coordinate system that was defined will be examined. [Cf. below, pp. 13, eq. (3″).]

Now, if any Hamiltonian function:

$$H(p_k, q_k, s_x, s_y, s_z) = E$$

is given for a special mechanical system that includes a magnetic electron then the two simultaneous differential equations for ψ_α and ψ_β that likewise determine the eigenvalue E are given by:

$$\left.\begin{aligned} H\left(\frac{h}{2\pi i}\frac{\partial}{\partial q_k}, q_k, \boldsymbol{s}_x, \boldsymbol{s}_y, \boldsymbol{s}_z\right)\psi_{E,\alpha} = E\psi_\alpha, \\ H\left(\frac{h}{2\pi i}\frac{\partial}{\partial q_k}, q_k, \boldsymbol{s}_x, \boldsymbol{s}_y, \boldsymbol{s}_z\right)\psi_{E,\beta} = E\psi_\beta, \end{aligned}\right\} \tag{4}$$

in which $\boldsymbol{s}_x$, $\boldsymbol{s}_y$, $\boldsymbol{s}_z$ replace the operations (3).

The matrix components of any function $f(p, q, s_x, s_y, s_z)$, of which, we would first like to assume that it either does not include the quantities s_x , s_y , s_z at all or it includes them only linearly, are defined by the simultaneous equations:

$$\boldsymbol{f}(\psi_{m\alpha}) = \sum_n f_{nm}\psi_{n\alpha}, \qquad \boldsymbol{f}(\psi_{m\beta}) = \sum_n f_{nm}\psi_{n\beta}, \tag{5}$$

if we understand $\boldsymbol{f}$ to mean the operator $f\left(\frac{h}{2\pi i}\frac{\partial}{\partial q}, q, \boldsymbol{s}_x, \boldsymbol{s}_y, \boldsymbol{s}_z\right)$. In particular, one thus has:

$$\boldsymbol{s}_x(\psi_{m\alpha}) = \psi_{m\beta} = \sum_n (s_x)_{nm}\psi_{n\alpha}, \qquad \boldsymbol{s}_x(\psi_{m\beta}) = \psi_{m\alpha} = \sum_n (s_x)_{nm}\psi_{n\alpha}, \tag{6}$$

---

[1]) Cf., rem. 1, pp. 11.

[2]) The necessity of distinguishing between operator relations and matrix relations at this point was first made evident to me after the fact on the basis of a letter from C. G. Darwin that concerned the comparison between the equations that he presented and my own. (See below, rem. 2, pp. 16) I would also like to express my deepest thanks to Darwin at this point for his encouragement.

and corresponding equations for y and z. The fact that one sums over the first index of the matrix on the right-hand sides of (5) and (6) is essential in order for one to get agreement between successive application of two operators $\boldsymbol{f}$ and $\boldsymbol{g}$ and the multiplication of matrices. It easily follows from (6), by using the orthogonality relations (1a) and (1b), that:

$$f_{nm} = \int [\boldsymbol{f}(\psi_{m\alpha})\psi^*_{n\alpha} + \boldsymbol{f}(\psi_{m\beta})\psi^*_{n\beta}]\, dq_1 dq_2 dq_3 \ldots \tag{5'}$$

In particular, one thus has:

$$\begin{aligned}
(s_x)_{nm} &= \int [(\boldsymbol{s}_x\psi_{m\alpha})\psi^*_{n\alpha} + (\boldsymbol{s}_x\psi_{m\beta})\psi^*_{n\beta}]\, dq = \int (\psi_{m\beta}\psi^*_{n\alpha} + \psi_{m\alpha}\psi^*_{n\beta})\, dq, \\
(s_y)_{nm} &= \int [(\boldsymbol{s}_y\psi_{m\alpha})\psi^*_{n\alpha} + (\boldsymbol{s}_y\psi_{m\beta})\psi^*_{n\beta}]\, dq = \int i(-\psi_{m\beta}\psi^*_{n\alpha} + \psi_{m\alpha}\psi^*_{n\beta})\, dq, \\
(s_z)_{nm} &= \int [(\boldsymbol{s}_z\psi_{m\alpha})\psi^*_{n\alpha} + (\boldsymbol{s}_z\psi_{m\beta})\psi^*_{n\beta}]\, dq = \int (\psi_{m\alpha}\psi^*_{n\alpha} - \psi_{m\beta}\psi^*_{n\beta})\, dq.
\end{aligned} \tag{6'}$$

If one directs one's attention to the general eigenfunctions:

$$\psi_\alpha = \sum c_n\, \psi_{n\alpha}, \qquad \psi_\beta = \sum c_n\, \psi_{n\beta},$$

with the undetermined factors c_n then the expressions:

$$\left.\begin{aligned}
d_x &= \psi_\beta\psi^*_\alpha + \psi_\alpha\psi^*_\beta, \\
d_y &= -i(\psi_\beta\psi^*_\alpha - \psi_\alpha\psi^*_\beta), \\
d_z &= (\psi_\alpha\psi^*_\alpha - \psi_\beta\psi^*_\beta)
\end{aligned}\right\} \tag{6''}$$

formally play the role of volume densities for the proper moment of the electron.

We now have to demonstrate the proof that the matrices that are calculated from (6′) generally satisfy the relations (2) of Heisenberg and Jordan. If we denote any of the indices x, y, z by i and k then we can form:

$$(s_i\, s_k)_{nm} = \sum_l (s_i)_{nl}(s_k)_{lm}\,.$$

If we replace $(s_k)_{lm}$ with its value that follows from (6′) then this gives:

$$(s_i\, s_k)_{nm} = \int \left\{ \left[\sum_l (s_i)_{nl}\psi^*_{l\alpha} \right] \boldsymbol{s}_k(\psi_{m\alpha}) + \left[\sum_l (s_i)_{nl}\psi^*_{l\beta} \right] \boldsymbol{s}_k(\psi_{m\beta}) \right\} dq.$$

One now has $(s_i)_{nl} = (s_i)^*_{ln}$, since (as one easily confirms on the basis of (6′), moreover) the matrices $\boldsymbol{s}_i$ are Hermitian, so according to (6), one has:

$$\sum_l (s_i)_{nl}\psi^*_{l\alpha} = \sum_l (s_i)^*_{ln}\psi^*_{l\alpha} = [\boldsymbol{s}_i(\psi_{n\alpha})]^*,$$

and likewise:

$$\sum_l (s_i)_{nl} \psi^*_{l\beta} = [s_i(\psi_{n\beta})]^* .$$

The final result is then:

$$(s_i\, s_k)_{nm} = \int\left\{\left[s_i(\psi_{n\alpha})\right]^* s_k(\psi_{m\alpha}) + \left[s_i(\psi_{n\beta})\right]^* s_k(\psi_{m\beta})\right\} dq .$$

On the basis of this relation, one easily confirms all of relations (2) by replacing the operators (3) and comparing with (6′), if one regards them as matrix relations. For example, for $i = x$, $k = z$, this gives:

$$(s_x\, s_y - s_y\, s_x)_{nm} = 2i \int(-\psi^*_{n\beta}\psi_{m\beta} + \psi^*_{n\alpha}\psi_{m\alpha}) = 2i\,(s_z)_{nm} ,$$

according to (6′). One likewise verifies the remaining relations (2). With that, the choice of operators (3) is likewise justified.

Examples of equations of the form (4) will be given in § 4.

§ 3. Behavior of the functions ψ_α, ψ_β under rotations of the coordinate system. In the Dirac-Jordan theory, one generally answers the question of how the functions ψ transform under a transition from a system of canonical variables (p, q) to a new system P, Q. If $\boldsymbol{S}$ is an operator that takes the operators $\boldsymbol{q}$ (multiplication by q) and $\boldsymbol{p} = \dfrac{h}{2\pi i}\dfrac{\partial}{\partial q}$ into the operators $\boldsymbol{P}$, $\boldsymbol{Q}$ that correspond to the new variables according to:

$$\boldsymbol{P} = \boldsymbol{S}\,\boldsymbol{p}\,\boldsymbol{S}^{-1}, \qquad \boldsymbol{Q} = \boldsymbol{S}\,\boldsymbol{q}\,\boldsymbol{S}^{-1} \tag{7}$$

then one obtains the eigenfunction $\psi_E(Q)$ that belongs to Q from the eigenfunction $\psi_E(q)$ that belongs to q simply by an application of the operator $\boldsymbol{S}$:

$$\psi_E(Q) = \boldsymbol{S}[\,\psi_E(Q)]. \tag{8}$$

The expression:

$$|\,\psi_E(Q)\,|^2\, dQ$$

then again represents the probability that the variable Q should lie between Q and $Q + dQ$ for a certain energy E and an arbitrary value for P [1]).

[1]) The fact that we chose precisely the energy E to be a fixed parameter now represents a special case of the transformations that were considered by Dirac and Jordan. This author also investigated the connection between two different representations of the operators S more closely:

1. The differential representation, in which $\boldsymbol{S} = \boldsymbol{S}\left(\dfrac{h}{2\pi i}\dfrac{\partial}{\partial x}, x\right)$ is thought of as composed of the operators of differentiation with respect to a variable x and multiplication by x.
2. The integral representation of S, in which one sets:

In our case, we will not generally calculate with the canonical variables (s_z, φ) themselves, but with the components s_x, s_y, s_z of the proper moment, for which the commutation relations do not have the canonical form (2). We then have to answer the question of *how, starting with the given eigenfunctions* ψ_α, ψ_β, *and operators* $\mathbf{s}_x$, $\mathbf{s}_y$, $\mathbf{s}_z$ *relative to a certain axis-cross* (x, y, z), *one can calculate the eigenfunctions* ψ'_α, ψ'_β, *and operators* $\mathbf{s}_{x'}$, $\mathbf{s}_{y'}$, $\mathbf{s}_{z'}$ *relative to a new axis-cross* (x', y', z'). The squares of the absolute magnitudes of the new ψ'_α, ψ'_β then determine the probability that (for certain values of the position coordinates q of the electron) for an arbitrary value of the angle φ' around the z'-axis the impulse $\mathbf{s}_{z'}$ (measured in units of $\frac{1}{2}\frac{h}{2\pi}$) has the value + 1 (−1, resp.).

Now, for the operator equation (7), it is not essential that the commutation relations between $\boldsymbol{p}$ and $\boldsymbol{q}$, as well as $\boldsymbol{P}$ and $\boldsymbol{Q}$, have the canonical form. Moreover, this only comes down to the fact that the commutation relations preserve their form under the transformation; i.e., they remain correct when one simply writes the new variables in place of the old ones. Now, in our case, it is, in fact, known that relations (2) remain unchanged under orthogonal coordinate transformations, such that one also has for the primed quantities:

$$\left.\begin{array}{l} \mathbf{s}_{x'}\mathbf{s}_{y'} - \mathbf{s}_{y'}\mathbf{s}_{x'} = 2i\,\mathbf{s}_{z'}, \cdots, \\ \mathbf{s}_{x'}^2 + \mathbf{s}_{y'}^2 + \mathbf{s}_{z'}^2 = 3. \end{array}\right\} \tag{2'}$$

It will then also be permitted for us to set:

$$\mathbf{s}_{x'} = \boldsymbol{S}\,\mathbf{s}_x\,\boldsymbol{S}^{-1}, \quad \mathbf{s}_{y'} = \boldsymbol{S}\,\mathbf{s}_y\,\boldsymbol{S}^{-1}, \quad \mathbf{s}_{z'} = \boldsymbol{S}\,\mathbf{s}_z\,\boldsymbol{S}^{-1}. \tag{9}$$

The most comfortable formal representation of the operations that we will always have to apply to the eigenfunction pair (ψ_α, ψ_β) is the matrix representation that was used already in (3′) above. If the operator $\boldsymbol{S}$ takes the pair (ψ_α, ψ_β) to ($S_{11}\psi_\alpha + S_{12}\psi_\beta$, $S_{21}\psi_\alpha + S_{22}\psi_\beta$), in which S_{11}, S_{12}, S_{13}, S_{14} are ordinary numerical coefficients, then we can write $\boldsymbol{S}$ as the matrix:

$$\boldsymbol{S} = \begin{pmatrix} S_{11} & S_{12} \\ S_{21} & S_{22} \end{pmatrix}.$$

In order for the relations (1a) and (1b) to also be true for the new pair ($\boldsymbol{S}\psi_\alpha$, $\boldsymbol{S}\psi_\beta$), $\boldsymbol{S}$ must satisfy the well-known orthogonality relation:

$$\boldsymbol{S}\bar{\boldsymbol{S}}^* = 1, \tag{10}$$

$$\boldsymbol{S}[f(q)] = \int S(x, q)\, f(x)\, dx,$$

in which $S(x, q)$ is an ordinary function.

in which the * means the transition to complex conjugate values and the prime means the exchange of rows and columns in the matrix. When this is written out, one has [1]):

$$\begin{pmatrix} S_{11} & S_{12} \\ S_{21} & S_{22} \end{pmatrix}\begin{pmatrix} S_{11}^* & S_{21}^* \\ S_{12}^* & S_{22}^* \end{pmatrix} \equiv \begin{pmatrix} S_{11}S_{11}^* + S_{12}S_{12}^* & S_{11}S_{21}^* + S_{12}S_{22}^* \\ S_{21}S_{11}^* + S_{22}S_{12}^* & S_{21}S_{21}^* + S_{22}S_{22}^* \end{pmatrix} = \begin{pmatrix} 1 & 0 \\ 0 & 1 \end{pmatrix}. \qquad (10')$$

On the other hand, if follows from the definition of the components of the proper moment that the operators that correspond to them must transform precisely like the coordinates, so, with the introduction of the Euler angles Θ, Φ, Ψ according to the formulas [2]):

$$\left.\begin{aligned} \boldsymbol{s}_x &= (\cos\Phi\cos\Psi - \sin\Phi\sin\Psi\cos\Theta)\boldsymbol{s}_{x'} + (-\sin\Phi\cos\Psi - \cos\Phi\sin\Psi\cos\Theta)\boldsymbol{s}_{y'} + \sin\Psi\sin\Theta\,\boldsymbol{s}_{z'}, \\ \boldsymbol{s}_y &= (\cos\Phi\sin\Psi + \sin\Phi\cos\Psi\cos\Theta)\boldsymbol{s}_{x'} + (-\sin\Phi\sin\Psi + \cos\Phi\cos\Psi\cos\Theta)\boldsymbol{s}_{y'} - \cos\Psi\sin\Theta\,\boldsymbol{s}_{z'}, \\ \boldsymbol{s}_z &= \sin\Phi\sin\Theta\,\boldsymbol{s}_{x'} + \cos\Phi\sin\Theta\,\boldsymbol{s}_{y'} + \cos\Theta\,\boldsymbol{s}_{z'}. \end{aligned}\right\} \qquad (11)$$

Our objective will now be to determine the matrix $\boldsymbol{S}$ in such a way that (9) and (11) agree. If we achieve this then our question regarding the transformation of $(\psi_\alpha, \psi_\beta)$ under rotations of the coordinate system will be answered by the equations:

$$(\psi'_\alpha, \psi'_\beta) = \boldsymbol{S}(\psi_\alpha, \psi_\beta) \qquad (12)$$

or

$$\left.\begin{aligned} \psi'_\alpha &= S_{11}\psi_\alpha + S_{12}\psi_\beta, \\ \psi'_\beta &= S_{21}\psi_\alpha + S_{22}\psi_\beta. \end{aligned}\right\} \qquad (12a)$$

In order to now bring (9) and (11) into agreement with each other, it is preferable, as in the usual theory of tops, to introduce the following notations:

$$\left.\begin{aligned} \xi &= s_x + is_y, \quad \eta = -s_x + is_y, \quad \zeta = -s_z, \\ \xi' &= s_{x'} + is_{y'}, \quad \eta' = -s_{x'} + is_{y'}, \quad \zeta' = -s_{z'}, \end{aligned}\right\} \qquad (13)$$

$$\left.\begin{aligned} \alpha &= \cos\frac{\Theta}{2}e^{i\frac{\Phi-\Psi}{2}}, \quad \beta = i\sin\frac{\Theta}{2}e^{i\frac{-\Phi+\Psi}{2}}, \\ \gamma &= i\sin\frac{\Theta}{2}e^{i\frac{\Phi-\Psi}{2}}, \quad \delta = \cos\frac{\Theta}{2}e^{i\frac{-\Phi-\Psi}{2}}. \end{aligned}\right\} \qquad (14)$$

---

[1]) We recall the fact that one obtains the (*n*, *m*) element of the product of two matrices by term-wise multiplication of the nth row of the first matrix by the mth column of the second matrix.

[2]) For what follows, cf., A. Sommerfeld and F. Klein, *Theorie des Kreisels*, I, § 2 to 4, in particular, the definition of the parameters α, β, γ, δ. P. Jordan directed my attention to their meaning in the context of our problem.

The quantities α, β, γ, δ are the Cayley-Klein rotation parameters, between which exist the relations:

$$\delta = \alpha^*, \qquad \gamma = -\beta^*, \qquad \alpha\delta - \beta\gamma = 1. \tag{14'}$$

(11) is then equivalent to [1]):

$$\xi = \boldsymbol{S}^{-1}\xi'\boldsymbol{S}, \quad \eta = \boldsymbol{S}^{-1}\eta'\boldsymbol{S}, \quad \zeta = \boldsymbol{S}^{-1}\zeta'\boldsymbol{S}. \tag{9'}$$

We now assert that *in order to bring* (9′) *into agreement with* (11′), *we can simply identify the matrix* $\boldsymbol{S}$ *with the matrix* $\begin{pmatrix}\alpha^* & \beta^*\\ \gamma^* & \delta^*\end{pmatrix}$ *of conjugate values to the Cayley-Klein parameters:*

$$\boldsymbol{S} = \begin{pmatrix}\alpha^* & \beta^*\\ \gamma^* & \delta^*\end{pmatrix} \qquad \text{or} \qquad S_{11} = \alpha^*,\ S_{12} = \beta^*,\ S_{21} = \gamma^*,\ S_{22} = \delta^*. \tag{15}$$

This is permissible, since the relation (10) is fulfilled precisely by means of (14′):

$$\begin{pmatrix}\alpha^* & \beta^*\\ \gamma^* & \delta^*\end{pmatrix}\begin{pmatrix}\alpha & \gamma\\ \beta & \delta\end{pmatrix} = \begin{pmatrix}\delta & -\gamma\\ -\beta & \alpha\end{pmatrix}\begin{pmatrix}\alpha & \gamma\\ \beta & \delta\end{pmatrix} = \begin{pmatrix}1 & 0\\ 0 & 1\end{pmatrix}.$$

If we further set ξ', η', ζ' in (9′) and (11′) equal to the matrices that follow from (3′), using (13):

$$\xi' = \begin{pmatrix}1 & 0\\ 0 & 1\end{pmatrix} + i\begin{pmatrix}0 & -i\\ i & 0\end{pmatrix} = \begin{pmatrix}0 & 2\\ 0 & 0\end{pmatrix},$$

$$\eta' = -\begin{pmatrix}1 & 0\\ 0 & 1\end{pmatrix} + i\begin{pmatrix}0 & -i\\ i & 0\end{pmatrix} = \begin{pmatrix}0 & 0\\ 2 & 0\end{pmatrix},$$

and

$$\zeta' = \begin{pmatrix}-1 & 0\\ 0 & 1\end{pmatrix},$$

then we obtain from the agreement of both equations that:

$$\xi = \begin{pmatrix}-2\alpha\beta & 2\alpha^2\\ -2\beta^2 & 2\alpha\beta\end{pmatrix}, \quad \eta = \begin{pmatrix}-2\gamma\delta & 2\gamma^2\\ -2\delta^2 & 2\gamma\delta\end{pmatrix}, \quad \zeta = \begin{pmatrix}-\alpha\delta - \beta\gamma & 2\alpha\gamma\\ -2\beta\delta & \alpha\beta + \beta\gamma\end{pmatrix}.$$

With that, the desired proof is achieved.

---

[1]) *Theorie des Kreisels*, equation (9), pp. 21.

We now still have some supplementary remarks to add. The one concerns the special case of a rotation of the coordinate system around the z-axis, such that $\Theta = 0$, $\beta = \gamma = 0$, and with $\Phi + \Psi = 0$, one will have $\alpha = e^{i\omega/2}$, $\delta = e^{-i\omega/2}$. In this case, one obtains:

$$\mathbf{s}_x = \begin{pmatrix} 0 & e^{-i\omega} \\ e^{i\omega} & 0 \end{pmatrix}, \qquad \mathbf{s}_y = \begin{pmatrix} 0 & -ie^{-i\omega} \\ ie^{i\omega} & 0 \end{pmatrix}, \qquad \mathbf{s}_z = \begin{pmatrix} 1 & 0 \\ 0 & -1 \end{pmatrix}. \tag{3''}$$

These are, at the same time, as one easily verifies, the most general matrices (linear transformations of the ψ_α , ψ_β, resp.) that are Hermitian, satisfy the commutation relations (2), and for which $\mathbf{s}_z$ has its normal form $\begin{pmatrix} 1 & 0 \\ 0 & -1 \end{pmatrix}$, in addition. One sees from this *that the functions* (ψ_α, ψ_β) *are still not uniquely determined by just the given of the z-direction (i.e., the arbitrariness of the phase* ω), *but only when the entire* (x, y, z)*-axis-cross is given.* On this basis already, it scarcely seems possible to associate the magnetic electron with directed (vectorial) eigenfunctions.

The second remark relates to the question of the most general (Hermitian) linear transformations of the (ψ_α, ψ_β) that satisfy the relations (2). It is easy to see that these most general $\mathbf{s}_x$, $\mathbf{s}_y$, $\mathbf{s}_z$ can always be brought into the normal form (3′) by a transformation of the form (9) [in which $\boldsymbol{S}$ fulfills the relation (10)]. Here, we would like to only outline the proof. One first shows that the most general $\boldsymbol{S}$ that satisfies (10) can always be expressed in the form (14), (15) by means of angles Θ, Φ, Ψ. In any event, one can then convert $\mathbf{s}_z$ into a diagonal matrix by means of a transformation (9). From the relations (2), it then already follows that $\mathbf{s}_z$ has the desired normal form. One must then only make the phase ω in the $\mathbf{s}_x$, $\mathbf{s}_y$ equal to zero by a suitable rotation around the z-axis.

In summary, we can say that the independence of all the ultimate results of a special choice of axis-cross is guaranteed, despite the distinguishing of a certain coordinate system by the choice (3) of the operators $\mathbf{s}_x$, $\mathbf{s}_y$, $\mathbf{s}_z$, as a result of the invariance of the quantum-mechanical equations under substitutions of the form (9) and as a result of the behavior depicted for the (ψ_α, ψ_β) under rotations of the distinguished axis-cross.

§ 4. Differential equations for the eigenfunctions of a magnetic electron in special force fields.

a) Electron at rest in a homogeneous magnetic field. Equations (3), (4) already give one the way that the differential equations for the eigenfunction pair (ψ_α, ψ_β) of the magnetic electron can be constructed for a given Hamiltonian function H. We first consider the case of the electron at rest in a magnetic field whose field strength might possess the components H_x, H_y , H_z . Since the electron is at rest, the eigenfunctions do not depend upon the position coordinates of the electron here. If e and m_0 denote the charge and mass of the electron, respectively, and:

$$\mu_0 = \frac{eh}{4\pi m_0 c}$$

is the magnitude of the Bohr magneton then the Hamiltonian function here reads:

$$H = \mu_0 (H_x s_x + H_y s_y + H_z s_z),$$

if we omit the constant translational energy and once more measure s_x, … in units of $\frac{1}{2}\frac{h}{2\pi}$. If one replaces s_x, s_y, s_z with the operators (3) (while μ_0, H_x, H_y, H_z naturally remain ordinary numbers) then one obtains the system of equations for (ψ_α, ψ_β):

$$\left.\begin{aligned} \mu_0[(H_x - iH_y)\psi_\beta + H_z\psi_\alpha] = E\psi_\alpha, \\ \mu_0[(H_x + iH_y)\psi_\alpha - H_z\psi_\beta] = E\psi_\beta. \end{aligned}\right\} \quad (16)$$

We have deliberately not made the direction of the magnetic field coincide with the z-axis [that is distinguished by the choice of operators (3)] from the outset, in order to be able to explain the physical meaning of our quantities ψ_α, ψ_β and their transformation properties that were derived in the previous paragraphs by an example.

The eigenvalue E follows from (16) by means of the determinant condition:

$$\begin{vmatrix} \mu_0 H_z - E & \mu_0(H_x - iH_y) \\ \mu_0(H_x + iH_y) & -\mu_0(H_z + E) \end{vmatrix} = 0$$

or

$$-(\mu_0^2 H_z^2 - E^2) - \mu_0^2(H_x^2 + H_y^2) = 0,$$

namely:

$$E = \pm\mu_0\sqrt{H_x^2 + H_y^2 + H_z^2} = \pm\,\mu_0\,|\,H\,|,$$

which will be demanded in this case from now on. It further follows from (16), if one denotes the angle between the field direction and the z-axis by Θ and normalizes (ψ_α, ψ_β) by way of $|\psi_\alpha|^2 + |\psi_\beta|^2 = 1$, and for $E = +\,\mu_0\,|\,H\,|$ that:

$$|\psi_\alpha|^2 = \frac{\sin^2\Theta}{\sin^2\Theta + (1-\cos\Theta)^2} = \frac{\sin^2\Theta}{2(1-\cos\Theta)} = \cos^2\frac{\Theta}{2},$$

$$|\psi_\beta|^2 = \frac{(1-\cos\Theta)^2}{2(1-\cos\Theta)} = \sin^2\frac{\Theta}{2},$$

and analogously for $E = -\,\mu_0\,|\,H\,|$, one has:

$$|\psi_\alpha|^2 = \sin^2\frac{\Theta}{2}, \qquad |\psi_\beta|^2 = \cos^2\frac{\Theta}{2}.$$

This result is also in harmony with the transformation properties (12), (14), (15) of (ψ_α, ψ_β). It can be interpreted physically in, e.g., the following way: The external magnetic field originally has a direction that is given by H_x, H_y, H_z, and we let only those electrons be present that are directed parallel to the field, but none that are anti-parallel; one then suddenly rotates the field in the z-direction. One will then find that $\cos^2\frac{\Theta}{2}$ is the fraction of all electrons with moments that are directed parallel to the z-axis and $\sin^2\frac{\Theta}{2}$ is the fraction of all electrons with moments that are directed anti-parallel to the z-axis, and conversely, when only electrons that are oriented anti-parallel to the field direction are originally present.

b) A magnetic electron in a Coulomb field (hydrogen atom). If we would now like to go on to the presentation of the equations for the eigenfunction pair ψ_α, ψ_β of the magnetic electron in an atomic nucleus then we would consequently like to place ourselves at the point of view where the higher relativistic and magnetic corrections are neglected and the terms that arise from the theory of relativity and the proper moment of the electron can be regarded as perturbing functions. Analogous to the previous example, we likewise assume that a homogeneous, external, magnetic field with the components H_x, H_y, H_z is present, in order to address the theory of the anomalous Zeeman effect. We still expressly emphasize that the equations presented here are completely equivalent, mathematically and physically, to the matrix equations that were given by Heisenberg and Jordan [1]). We also adopt the form of the Hamiltonian function that was given by these authors.

One first has the Hamiltonian function of the unperturbed atomic nucleus with one electron:

$$H_0 = \frac{1}{2m_0}(p_x^2 + p_y^2 + p_z^2) - \frac{Ze^2}{r}$$

(p_x, p_y, p_z = translational impulse, Z = atomic number), or, written as an operator:

$$\boldsymbol{H}_0(\psi) = -\frac{1}{2m_0}\frac{h^2}{4\pi^2}\Delta\psi - \frac{Ze^2}{r}\psi, \tag{17}$$

in which one sets $\Delta = \frac{\partial^2}{\partial x^2} + \frac{\partial^2}{\partial y^2} + \frac{\partial^2}{\partial z^2}$, as usual. One then comes to the terms that already appear for an electron with no proper moment as a result of the action of the external magnetic field and the relativistic corrections:

$$H_1 = -\frac{1}{2m_0c^2}\left(E_0^2 + 2E_0Ze^2\frac{1}{r} + Z^2e^4\frac{1}{r^2}\right) + \frac{e}{2m_0c}(\mathfrak{H}[\mathfrak{r}\,\mathfrak{p}]),$$

---

[1]) Zeit. f. Phys., *loc. cit.*, cf., in particular, equations (2), (3), (4) of that paper.

in which E_0 means the unperturbed eigenvalue, $\mathfrak{H}$ means the vector of external magnetic field, $\mathfrak{p}$ means the translational impulse, and $\mathfrak{r}$ is the radius vector that points from the nucleus to the electron.

When written as an operator, this gives:

$$\boldsymbol{H}_1(\psi) = -\frac{1}{2m_0c^2}\left(E_0^2 + 2E_0Ze^2\frac{1}{r} + Z^2e^4\frac{1}{r^2}\right) - i\,\mu_0\,(\mathfrak{H}\,[\mathfrak{r}\ \mathrm{grad}\ \psi]). \tag{18}$$

The operators $\boldsymbol{H}_0$ and $\boldsymbol{H}_1$ work the same way for ψ_α and ψ_β; they do not alter the index α or β. Characteristic terms now appear for the proper moment of the electron that correspond, firstly, to the interaction terms between the proper moment and the external field that were already written out in the previous example, and secondly, to the interaction terms that follow from the theory of relativity for a moving electron with a proper moment with the Coulomb electrical field. We adopt the latter, without the new basis of Thomas [1]) and Frenkel [1]); in particular, as far as the factor of ½ is concerned. Both terms together give, when likewise written as an operator:

$$\boldsymbol{H}_2(\psi) = \frac{1}{4}\frac{h^2}{4\pi^2}\frac{Ze^2}{m_0^2c^2}\frac{1}{r^3}\frac{1}{i}(\boldsymbol{k}_x\,\boldsymbol{s}_x + \boldsymbol{k}_y\,\boldsymbol{s}_y + \boldsymbol{k}_z\,\boldsymbol{s}_z)(\psi) + \mu_0(H_x\,\boldsymbol{s}_x + H_y\,\boldsymbol{s}_y + H_z\,\boldsymbol{s}_z)(\psi), \tag{19}$$

in which $\boldsymbol{k}_x$, $\boldsymbol{k}_y$, $\boldsymbol{k}_z$ are written as an abbreviation for the operators that belong to the orbital impulse moment (multiplied by $2\pi i / h$) that are written:

$$\boldsymbol{k}_x = y\frac{\partial}{\partial z} - z\frac{\partial}{\partial y}, \qquad \boldsymbol{k}_y = z\frac{\partial}{\partial x} - x\frac{\partial}{\partial z}, \qquad \boldsymbol{k}_z = x\frac{\partial}{\partial y} - y\frac{\partial}{\partial x}. \tag{20}$$

If we finally replace $\boldsymbol{s}_x$, $\boldsymbol{s}_y$, $\boldsymbol{s}_z$ with the operators that are given by (3) then, according to the general prescription (4) for $\psi_\alpha(x, y, z)$ and $\psi_\beta(x, y, z)$, we obtain, in our case, the simultaneous differential equations:

$$\left.\begin{aligned}(\boldsymbol{H}_0+\boldsymbol{H}_1)(\psi_\alpha)+\frac{1}{4}\frac{h^2}{4\pi^2}\frac{Ze^2}{m_0^2c^2}\frac{1}{r^3}[-(i\boldsymbol{k}_x+\boldsymbol{k}_y)\psi_\beta - i\boldsymbol{k}_z\psi_\alpha] - \mu_0[(H_x - iH_y)\psi_\beta + H_z\psi_\alpha] = E\psi_\alpha,\\ (\boldsymbol{H}_0+\boldsymbol{H}_1)(\psi_\beta)+\frac{1}{4}\frac{h^2}{4\pi^2}\frac{Ze^2}{m_0^2c^2}\frac{1}{r^3}[-(i\boldsymbol{k}_x+\boldsymbol{k}_y)\psi_\alpha + i\boldsymbol{k}_z\psi_\beta] + \mu_0[(H_x + iH_y)\psi_\alpha - H_z\psi_\beta] = E\psi_\beta,\end{aligned}\right\} \tag{21}$$

in which $\boldsymbol{H}_0$, $\boldsymbol{H}_1$, and $\boldsymbol{k}_x$, $\boldsymbol{k}_y$, $\boldsymbol{k}_z$ are given by (17), (18), and (20). In particular, if one sets $H_x = H_y = 0$ in this then these equations go over to the ones that Darwin [2]) already

---

[1]) L. H. Thomas, Nature **117** (1926), 514; Phil. Mag. **3** (1927), 1; J. Frenkel, Zeit. f. Phys. **37** (1926), 243.

[2]) C. G. Darwin, *loc. cit.*, equation (3).

presented. In contradiction to Darwin, however, we regard the commutation relations (2) [the sharpened relations (2a), resp.] as the ultimate source of these equations, but not the idea that amplitudes of the de Broglie waves are directed quantities. We further remark that the equations (21) are invariant under rotations of the coordinate system when the function pair (ψ_α, ψ_β) is transformed using the prescription of the previous paragraph. We will not need to go into the integration of the differential equations (21), because this can be accomplished using the methods of Heisenberg and Jordan without any difficulties, and it leads to nothing new beyond the results of those authors. Let it also be briefly mentioned that equations (21) can also be derived from a variational principle, in which the quantities d_x, d_y, d_z play a role. Since this does not yield any new physical insight, this will not be pursued further.

As was already mentioned in the introduction, the theory that is formulated here is to be regarded as only provisional, since one must demand of an ultimate theory that it be formulated in a relativistically-invariant way from the outset and that it also allows the higher corrections to be calculated. Now, it presents no complications to extend the angular impulse vector $\mathfrak{s}$ to a skew-symmetric tensor (six-vector) in the four-dimensional space-time world with the components s_{ik} , and to present commutation relations for it that are invariant under Lorentz transformations and which can be regarded as the natural generalization of (2) [or also of (2a)]. One then confronts another complication that already appears in the aforementioned theories of Thomas and Frenkel, which are based in classical electrodynamics. In these theories, one needs special constraint forces in the higher approximations in order to arrive at the fact that the electric dipole moment of the electron vanishes in a coordinate system in which it is instantaneously at rest. Indeed, in the successive approximations these constraint forces are proportional to likewise higher spatial differential quotients of the field strengths that act on the electron. It seems that these complications remain in quantum mechanics, and to date I have still not arrived at a relativistically-invariant formulation of the quantum mechanics of the magnetic electron on this basis that can be regarded as sufficiently natural and inevitable. One will actually be led, on the basis of the behavior of the constraint forces that was described, as well as on other grounds, to doubt whether such a formulation of the theory is even possible at all as long as one retains the idealization of the electron by an infinitely small magnetic dipole (while neglecting quadrupole and higher moments), or whether a more precise model of the electron is required for such a theory. Thus, we shall not go further into this still-unsolved problem.

§ 5. The case of many electrons. From our physical starting point of the method of eigenfunctions, the case in which many – say, N – electrons with proper moments are present in the mechanical system under consideration raises no new complications, when compared to the case of a single electron.

Here, we must inquire about the probability that in a certain stationary state of the system that is characterized by the value E of the total energy, the position coordinates of the electrons lie in a certain infinitesimal interval and the components of their proper moments in a z-direction that is chosen to be fixed have either the value + 1 or – 1, when measured in units of $\frac{1}{2}\frac{h}{2\pi}$. We denote the electrons by an index k that runs from 1 to N, the position coordinate of the kth electron will be denoted briefly by q_k (for x_k, y_k, z_k), and their infinitesimal volume element by dq_k (for dx_k, dy_k, dz_k), and furthermore, we shall use the index α_k or β_k depending upon whether the component of the proper moment in the z-direction for the kth electron is positive or negative. We then have the state of the system being characterized by the 2^N functions:

$$\psi_{\alpha_1\cdots\alpha_N}(q_1,\ldots,q_N),\ \psi_{\beta_1,\alpha_2\cdots\alpha_N}(q_1,\ldots,q_N),\ \psi_{\alpha_1,\beta_2,\alpha_3\cdots\alpha_N}(q_1,\ldots,q_N),\ \psi_{\alpha_1,\alpha_2\cdots\alpha_N}(q_1,\ldots,q_N),$$
$$\psi_{\beta_1,\beta_2,\alpha_3\cdots\alpha_N}(q_1,\ldots,q_N),\ \ldots,\ \psi_{\alpha_1\ldots\alpha_{N-2},\beta_{N-1},\beta_N}(q_1,\ldots,q_N),\ \ldots,\ \psi_{\beta_1\ldots\beta_N}(q_1,\ldots,q_N).$$

One then has, e.g.:

$$\left|\psi_{\beta_1\beta_2\alpha_3\ldots\alpha_N}(q_1\ldots q_N)\right|^2 dq_1\cdots dq_N$$

for the probability that the first electron s_z equals -1 and q is in (q_1, q_1+dq_1), for the second electron s_z equals -1 and q is in (q_2, q_2+dq_2), and for the third to N^{th} electron s_z equals $+1$ and q is in (q_3, q_3+dq_3) [(q_N, q_N+dq_N), resp.]. The sequence in which the suffix α_k or β_k is written shall be irrelevant, while the variables q, like the index $k = 1, \ldots, N$, shall refer to a certain sequence of electrons. We can carry over the operators (3) directly for the components s_{kx}, s_{ky}, s_{kz} of the proper moments of the kth electron when we make the convention that only the indices α_k or β_k of this k^{th} electron shall change, but those of the remaining electrons $\alpha_{k'}$ or $\beta_{k'}$ (for $k' \neq k$) shall remain unchanged. We then have, e.g.:

$$\left.\begin{aligned}
&\mathbf{s}_{kx}(\psi_{\alpha_1\cdots\alpha_k\cdots\beta_N}(q_1,\ldots,q_N)) = \psi_{\alpha_1\cdots\alpha_k\cdots\beta_N}, && \mathbf{s}_{kx}(\psi_{\cdots\beta_k\cdots}) = \psi_{\cdots\alpha_k\cdots},\\
&\mathbf{s}_{ky}(\psi_{\cdots\alpha_k\cdots}) = -i\psi_{\cdots\beta_k\cdots}, && \mathbf{s}_{ky}(\psi_{\cdots\beta_k\cdots}) = i\psi_{\cdots\alpha_k\cdots},\\
&\mathbf{s}_{kz}(\psi_{\cdots\alpha_k\cdots}) = \psi_{\cdots\alpha_k\cdots}, && \mathbf{s}_{kz}(\psi_{\cdots\beta_k\cdots}) = -\psi_{\cdots\beta_k\cdots}
\end{aligned}\right\} \tag{22}$$

If, as usual, we associate the impulse coordinates p_k with the operator $\frac{h}{2\pi i}\frac{\partial}{\partial q_k}$ then any function:

$$f(p_1,\ldots,p_N,q_1,\ldots,q_N,s_{1x},s_{1y},s_{1z},\ldots,s_{Nx},s_{Ny},s_{Nz})$$

now corresponds to an operator:

$$f\left(\frac{h}{2\pi i}\frac{\partial}{\partial q_1},\ldots,\frac{h}{2\pi i}\frac{\partial}{\partial q_1},q_1,\ldots,q_N,\mathbf{s}_{1x},\mathbf{s}_{1y},\mathbf{s}_{1z},\ldots,\mathbf{s}_{Nx},\mathbf{s}_{Ny},\mathbf{s}_{Nz}\right).$$

In particular, when the operator of the Hamiltonian function H is applied to the 2^N functions ψ, ..., this yields the 2^N simultaneous differential equations:

$$H\left(\frac{h}{2\pi i}\frac{\partial}{\partial q_1},\ldots,\frac{h}{2\pi i}\frac{\partial}{\partial q_1},q_1,\ldots,q_N,\mathbf{s}_{1x},\mathbf{s}_{1y},\mathbf{s}_{1z},\ldots,\mathbf{s}_{Nx},\mathbf{s}_{Ny},\mathbf{s}_{Nz}\right)\psi_{i_1\cdots i_N} = E\psi_{i_1\cdots i_N} \tag{23}$$

with $i_k = \alpha_k$ or β_k. If the indices n or m refer to the various stationary states then one has the orthogonality relation:

$$\int \sum_{i_k=\alpha_k \text{ or } \beta_k} (\psi_{n,i_1\ldots i_N} \psi^*_{m,i_1\ldots i_N})\, dq_1 \ldots dq_N = \delta_{nm}, \qquad \delta_{nm} = \begin{cases} 1 & \text{for } n = m, \\ 0 & \text{for } n \neq m, \end{cases} \tag{24}$$

and each function f of the type written down above corresponds to the matrices:

$$f_{nm} = \int \sum_{i_k=\alpha_k \text{ or } \beta_k} \{\boldsymbol{f}(\psi_{n,i_1\ldots i_N}) \cdot \psi^*_{m,i_1\ldots i_N}\}\, dq_1 \ldots dq_N . \tag{25}$$

Here, $\boldsymbol{f}$ means the operator that belongs to f as defined above and a sum over 2^N terms is found in the integrands of (24), as well as (25).

The Hamiltonian functions that occur in reality, like all of the functions f that occur in a matrix representation, now have, due to the equality of the electrons, the property that their value does not change when the coordinates of two electrons are exchanged with each other, and indeed, this is true for q_k as well as $\mathfrak{s}_k$; H and f can be assumed to be symmetric in the N systems of variables (q_k, s_{kx}, s_{ky}, s_{kz}). For Heisenberg and Dirac, this had the consequence that the terms subdivided into different groups that were not combined with each other, and which were characterized by the symmetry properties of the eigenfunctions under permutation of the electrons. Thus, one must essentially observe that the exchange of two electrons – say, the first and second one – implies a simultaneous exchange of the coordinate values q_1 and q_2 and the suffixes a and b that belong to the indices 1 and 2 (i.e., the values of s_{z_1} and s_{z_2}).

In particular, there is a symmetric solution. For any two indices k and j for an unchanged q and suffixes for the remaining indices, one has:

$$\left.\begin{aligned} \psi^{\text{sym.}} \ldots \alpha_k \alpha_j \ldots (\ldots q_k \ldots q_j \ldots) &= \psi^{\text{sym.}} \ldots \alpha_k \alpha_j \ldots (\ldots q_j \ldots q_k \ldots), \\ \psi^{\text{sym.}} \ldots \alpha_k \beta_j \ldots (\ldots q_k \ldots q_j \ldots) &= \psi^{\text{sym.}} \ldots \beta_k \alpha_j \ldots (\ldots q_j \ldots q_k \ldots), \\ \psi^{\text{sym.}} \ldots \beta_k \beta_j \ldots (\ldots q_k \ldots q_j \ldots) &= \psi^{\text{sym.}} \ldots \beta_k \beta_j \ldots (\ldots q_j \ldots q_k \ldots). \end{aligned}\right\} \tag{26}$$

Moreover, there is an anti-symmetric solution, for which any index pair (i.e., electron pair) k and j implies a sign change under permutation:

$$\left.\begin{aligned} \psi^{\text{antis.}} \ldots \alpha_k \alpha_j \ldots (\ldots q_k \ldots q_j \ldots) &= -\psi^{\text{antis.}} \ldots \alpha_k \alpha_j \ldots (\ldots q_j \ldots q_k \ldots), \\ \psi^{\text{antis.}} \ldots \alpha_k \beta_j \ldots (\ldots q_k \ldots q_j \ldots) &= -\psi^{\text{antis.}} \ldots \beta_k \alpha_j \ldots (\ldots q_j \ldots q_k \ldots), \\ \psi^{\text{antis.}} \ldots \beta_k \beta_j \ldots (\ldots q_k \ldots q_j \ldots) &= -\psi^{\text{antis.}} \ldots \beta_k \beta_j \ldots (\ldots q_j \ldots q_k \ldots). \end{aligned}\right\} \tag{27}$$

If follows easily from this that symmetric operators $\boldsymbol{f}$ leave invariant the symmetry character of the functions to which they are applied. Moreover, the non-combination of symmetric and anti-symmetric classes follows simply from (25).

It would be interesting to adapt the group-theoretic investigation of Wigner [1]) in the case of N electrons with no proper moment to ones with a proper moment, and likewise establish how the terms that correspond to the different symmetry classes that one obtains by neglecting the proper moment are distributed over the symmetry classes of electrons with proper moments. In the case of 2 electrons, there are only symmetric and anti-symmetric classes, which are thus characterized in this case (N = 2), from (26), (27), by the equations:

$$\left.\begin{aligned}\psi^{\text{sym.}}\alpha_1\alpha_2(q_1,q_2)=\psi^{\text{sym.}}\alpha_1\alpha_2(q_2,q_1),\ \psi^{\text{sym.}}\alpha_1\beta_2(q_1,q_2)=\psi^{\text{sym.}}\beta_1\alpha_2(q_2,q_1),\\ \psi^{\text{sym.}}\beta_1\alpha_2(q_1,q_2)=\psi^{\text{sym.}}\beta_1\alpha_2(q_2,q_1),\ \psi^{\text{sym.}}\beta_1\beta_2(q_1,q_2)=\psi^{\text{sym.}}\beta_1\beta_2(q_2,q_1),\end{aligned}\right\}\tag{26'}$$

$$\left.\begin{aligned}\psi^{\text{antis.}}\alpha_1\alpha_2(q_1,q_2)=-\psi^{\text{antis.}}\alpha_1\alpha_2(q_2,q_1),\ \psi^{\text{antis.}}\alpha_1\beta_2(q_1,q_2)=-\psi^{\text{antis.}}\beta_1\alpha_2(q_2,q_1),\\ \psi^{\text{antis.}}\beta_1\alpha_2(q_1,q_2)=-\psi^{\text{antis.}}\beta_1\alpha_2(q_2,q_1),\ \psi^{\text{antis.}}\beta_1\beta_2(q_1,q_2)=-\psi^{\text{antis.}}\beta_1\beta_2(q_2,q_1).\end{aligned}\right\}\tag{27'}$$

On the contrary, in general there exists no simple relation between the function values $\psi_{\alpha_1,\beta_2}(q_1,q_2)$ and $\psi_{\alpha_1,\beta_2}(q_2,q_1)$. They then correspond to two configurations with different potential energies. Namely, in the one case, the electron with a positive s_z has the position coordinates q_1 and the one with a negative s_z has the position coordinate q_2. In the other case, conversely, the electron with a positive s_z is at the spatial point that corresponds to q_1 and the electron with a negative s_z is at the spatial point that corresponds to q_1.

The skew-symmetric solution is also the one that fulfills the "equivalence rule" in the general case of N electrons, and is the only one that occurs in nature [2]). It seems to me to be an advantage of the method of eigenfunctions that this solution can be characterized in such a simple way, and for that reason precisely, it seems to me that the formal extension of this method to electrons with proper moments is not without meaning, even if it cannot lead to any new results when compared to the Heisenberg matrix methods. Moreover, the intensities of the inter-combination lines between singlet and triplet terms, for which new results of Ornstein and Burger [3]) are at hand, can be calculated quantum-mechanically by these methods in a lucid way.

논문 웹페이지

[1]) E. Wigner, Zeit. f. Phys. **40** (1927), 883.

[2]) On this occasion, I would like to emphasize that the exclusive appearance of the skew-symmetric solution is required by experiments only for electrons, and indeed by considering their proper moments. In a previous paper (Zeit. f. Phys. **41** (1927), 81), the Fermi statistics were likewise implied only for the electron gas by comparing with experiment. The possibility of other types of statistics with other material gases still remains open, which was not, unfortunately, sufficiently stressed in that paper. Cf., on this, also F. Hund, Zeit. f. Phys. **42** (1927), 93.

[3]) L. S. Ornstein and H. C. Burger, Zeit. f. Phys. **40** (1926), 403.

The Quantum Theory of the Electron.

By P. A. M. DIRAC, St. John's College, Cambridge.

(Communicated by R. H. Fowler, F.R.S.—Received January 2, 1928.)

The new quantum mechanics, when applied to the problem of the structure of the atom with point-charge electrons, does not give results in agreement with experiment. The discrepancies consist of "duplexity" phenomena, the observed number of stationary states for an electron in an atom being twice the number given by the theory. To meet the difficulty, Goudsmit and Uhlenbeck have introduced the idea of an electron with a spin angular momentum of half a quantum and a magnetic moment of one Bohr magneton. This model for the electron has been fitted into the new mechanics by Pauli,* and Darwin,† working with an equivalent theory, has shown that it gives results in agreement with experiment for hydrogen-like spectra to the first order of accuracy.

The question remains as to why Nature should have chosen this particular model for the electron instead of being satisfied with the point-charge. One would like to find some incompleteness in the previous methods of applying quantum mechanics to the point-charge electron such that, when removed, the whole of the duplexity phenomena follow without arbitrary assumptions. In the present paper it is shown that this is the case, the incompleteness of the previous theories lying in their disagreement with relativity, or, alternatetively, with the general transformation theory of quantum mechanics. It appears that the simplest Hamiltonian for a point-charge electron satisfying the requirements of both relativity and the general transformation theory leads to an explanation of all duplexity phenomena without further assumption. All the same there is a great deal of truth in the spinning electron model, at least as a first approximation. The most important failure of the model seems to be that the magnitude of the resultant orbital angular momentum of an electron moving in an orbit in a central field of force is not a constant, as the model leads one to expect.

* Pauli, 'Z. f. Physik,' vol. 43, p. 601 (1927).
† Darwin, 'Roy. Soc. Proc.,' A, vol. 116, p. 227 (1927).

§ 1. *Previous Relativity Treatments.*

The relativity Hamiltonian according to the classical theory for a point electron moving in an arbitrary electro-magnetic field with scalar potential A_0 and vector potential **A** is

$$F \equiv \left(\frac{W}{c} + \frac{e}{c}A_0\right)^2 + \left(\mathbf{p} + \frac{e}{c}\mathbf{A}\right)^2 + m^2c^2,$$

where **p** is the momentum vector. It has been suggested by Gordon* that the operator of the wave equation of the quantum theory should be obtained from this F by the same procedure as in non-relativity theory, namely, by putting

$$W = ih\frac{\partial}{\partial t},$$

$$p_r = -ih\frac{\partial}{\partial x_r}, \qquad r = 1, 2, 3,$$

in it. This gives the wave equation

$$F\psi \equiv \left[\left(ih\frac{\partial}{c\,\partial t} + \frac{e}{c}A_0\right)^2 + \Sigma_r\left(-ih\frac{\partial}{\partial x_r} + \frac{e}{c}A_r\right)^2 + m^2c^2\right]\psi = 0, \quad (1)$$

the wave function ψ being a function of x_1, x_2, x_3, t. This gives rise to two difficulties.

The first is in connection with the physical interpretation of ψ. Gordon, and also independently Klein,† from considerations of the conservation theorems, make the assumption that if ψ_m, ψ_n are two solutions

$$\rho_{mn} = -\frac{e}{2mc^2}\left\{ih\left(\psi_m\frac{\partial\bar{\psi}_n}{\partial t} - \bar{\psi}_n\frac{\partial\psi_m}{\partial t}\right) + 2eA_0\psi_m\bar{\psi}_n\right\}$$

and

$$\mathbf{I}_{mn} = -\frac{e}{2m}\left\{-ih\left(\psi_m \operatorname{grad}\bar{\psi}_n - \bar{\psi}_n \operatorname{grad}\psi_m\right) + 2\frac{e}{c}\mathbf{A}_m\psi_m\bar{\psi}_n\right\}$$

are to be interpreted as the charge and current associated with the transition $m \rightarrow n$. This appears to be satisfactory so far as emission and absorption of radiation are concerned, but is not so general as the interpretation of the non-relativity quantum mechanics, which has been developed‡ sufficiently to enable one to answer the question : What is the probability of any dynamical variable

* Gordon, 'Z. f. Physik,' vol. 40, p. 117 (1926).

† Klein, 'Z. f. Physik,' vol. 41, p. 407 (1927).

‡ Jordan, 'Z. f. Physik,' vol. 40, p. 809 (1927) ; Dirac, 'Roy. Soc. Proc.,' A, vol. 113, p. 621 (1927).

at any specified time having a value lying between any specified limits, when the system is represented by a given wave function ψ_n? The Gordon-Klein interpretation can answer such questions if they refer to the position of the electron (by the use of ρ_{nn}), but not if they refer to its momentum, or angular momentum or any other dynamical variable. We should expect the interpretation of the relativity theory to be just as general as that of the non-relativity theory.

The general interpretation of non-relativity quantum mechanics is based on the transformation theory, and is made possible by the wave equation being of the form

$$(\mathrm{H} - \mathrm{W})\,\psi = 0, \tag{2}$$

i.e., being linear in W or $\partial/\partial t$, so that the wave function at any time determines the wave function at any later time. The wave equation of the relativity theory must also be linear in W if the general interpretation is to be possible.

The second difficulty in Gordon's interpretation arises from the fact that if one takes the conjugate imaginary of equation (1), one gets

$$\left[\left(-\frac{\mathrm{W}}{c} + \frac{e}{c}\mathrm{A}_0\right)^2 + \left(-\mathbf{p} + \frac{e}{c}\mathbf{A}\right)^2 + m^2c^2\right]\psi = 0,$$

which is the same as one would get if one put $-e$ for e. The wave equation (1) thus refers equally well to an electron with charge e as to one with charge $-e$. If one considers for definiteness the limiting case of large quantum numbers one would find that some of the solutions of the wave equation are wave packets moving in the way a particle of charge $-e$ would move on the classical theory, while others are wave packets moving in the way a particle of charge e would move classically. For this second class of solutions W has a negative value. One gets over the difficulty on the classical theory by arbitrarily excluding those solutions that have a negative W. One cannot do this on the quantum theory, since in general a perturbation will cause transitions from states with W positive to states with W negative. Such a transition would appear experimentally as the electron suddenly changing its charge from $-e$ to e, a phenomenon which has not been observed. The true relativity wave equation should thus be such that its solutions split up into two non-combining sets, referring respectively to the charge $-e$ and the charge e.

In the present paper we shall be concerned only with the removal of the first of these two difficulties. The resulting theory is therefore still only an approximation, but it appears to be good enough to account for all the duplexity phenomena without arbitrary assumptions.

§ 2. *The Hamiltonian for No Field.*

Our problem is to obtain a wave equation of the form (2) which shall be invariant under a Lorentz transformation and shall be equivalent to (1) in the limit of large quantum numbers. We shall consider first the case of no field, when equation (1) reduces to

$$(-p_0{}^2 + \mathbf{p}^2 + m^2c^2)\,\psi = 0 \qquad (3)$$

if one puts

$$p_0 = \frac{W}{c} = ih\frac{\partial}{c\,\partial t}.$$

The symmetry between p_0 and p_1, p_2, p_3 required by relativity shows that, since the Hamiltonian we want is linear in p_0, it must also be linear in p_1, p_2 and p_3. Our wave equation is therefore of the form

$$(p_0 + \alpha_1 p_1 + \alpha_2 p_2 + \alpha_3 p_3 + \beta)\,\psi = 0, \qquad (4)$$

where for the present all that is known about the dynamical variables or operators $\alpha_1, \alpha_2, \alpha_3, \beta$ is that they are independent of p_0, p_1, p_2, p_3, *i.e.*, that they commute with t, x_1, x_2, x_3. Since we are considering the case of a particle moving in empty space, so that all points in space are equivalent, we should expect the Hamiltonian not to involve t, x_1, x_2, x_3. This means that $\alpha_1, \alpha_2, \alpha_3, \beta$ are independent of t, x_1, x_2, x_3, *i.e.*, that they commute with p_0, p_1, p_2, p_3. We are therefore obliged to have other dynamical variables besides the co-ordinates and momenta of the electron, in order that $\alpha_1, \alpha_2, \alpha_3, \beta$ may be functions of them. The wave function ψ must then involve more variables than merely x_1, x_2, x_3, t.

Equation (4) leads to

$$\begin{aligned} 0 &= (-p_0 + \alpha_1 p_1 + \alpha_2 p_2 + \alpha_3 p_3 + \beta)(p_0 + \alpha_1 p_1 + \alpha_2 p_2 + \alpha_3 p_3 + \beta)\,\psi \\ &= [-p_0{}^2 + \Sigma\,\alpha_1{}^2 p_1{}^2 + \Sigma\,(\alpha_1\alpha_2 + \alpha_2\alpha_1)\,p_1 p_2 + \beta^2 + \Sigma\,(\alpha_1\beta + \beta\alpha_1)\,p_1]\,\psi, \end{aligned} \qquad (5)$$

where the Σ refers to cyclic permutation of the suffixes 1, 2, 3. This agrees with (3) if

$$\left.\begin{array}{ll} \alpha_r{}^2 = 1, & \alpha_r\alpha_s + \alpha_s\alpha_r = 0 \quad (r \neq s) \\ \beta^2 = m^2c^2, & \alpha_r\beta + \beta\alpha_r = 0 \end{array}\right\} \quad r, s = 1, 2, 3.$$

If we put $\beta = \alpha_4 mc$, these conditions become

$$\alpha_\mu{}^2 = 1 \qquad \alpha_\mu\alpha_\nu + \alpha_\nu\alpha_\mu = 0 \;(\mu \neq \nu) \qquad \mu, \nu = 1, 2, 3, 4. \qquad (6)$$

We can suppose the α_μ's to be expressed as matrices in some matrix scheme, the matrix elements of α_μ being, say, $\alpha_\mu\,(\zeta'\,\zeta'')$. The wave function ψ must now be a function of ζ as well as x_1, x_2, x_3, t. The result of α_μ multiplied into ψ will be a function $(\alpha_\mu\psi)$ of x_1, x_2, x_3, t, ζ defined by

$$(\alpha_\mu\psi)(x, t, \zeta) = \Sigma_{\zeta'} \alpha_\mu (\zeta\zeta') \psi (x, t, \zeta').$$

We must now find four matrices α_μ to satisfy the conditions (6). We make use of the matrices

$$\sigma_1 = \begin{pmatrix} 0 & 1 \\ 1 & 0 \end{pmatrix} \qquad \sigma_2 = \begin{pmatrix} 0 & -i \\ i & 0 \end{pmatrix} \qquad \sigma_3 = \begin{pmatrix} 1 & 0 \\ 0 & -1 \end{pmatrix}$$

which Pauli introduced* to describe the three components of spin angular momentum. These matrices have just the properties

$$\sigma_r^2 = 1 \qquad \sigma_r\sigma_s + \sigma_s\sigma_r = 0, \qquad (r \neq s), \tag{7}$$

that we require for our α's. We cannot, however, just take the σ's to be three of our α's, because then it would not be possible to find the fourth. We must extend the σ's in a diagonal manner to bring in two more rows and columns, so that we can introduce three more matrices ρ_1, ρ_2, ρ_3 of the same form as σ_1, σ_2, σ_3, but referring to different rows and columns, thus :—

$$\sigma_1 = \begin{Bmatrix} 0 & 1 & 0 & 0 \\ 1 & 0 & 0 & 0 \\ 0 & 0 & 0 & 1 \\ 0 & 0 & 1 & 0 \end{Bmatrix} \quad \sigma_2 = \begin{Bmatrix} 0 & -i & 0 & 0 \\ i & 0 & 0 & 0 \\ 0 & 0 & 0 & -i \\ 0 & 0 & i & 0 \end{Bmatrix} \quad \sigma_3 = \begin{Bmatrix} 1 & 0 & 0 & 0 \\ 0 & -1 & 0 & 0 \\ 0 & 0 & 1 & 0 \\ 0 & 0 & 0 & -1 \end{Bmatrix},$$

$$\rho_1 = \begin{Bmatrix} 0 & 0 & 1 & 0 \\ 0 & 0 & 0 & 1 \\ 1 & 0 & 0 & 0 \\ 0 & 1 & 0 & 0 \end{Bmatrix} \quad \rho_2 = \begin{Bmatrix} 0 & 0 & -i & 0 \\ 0 & 0 & 0 & -i \\ i & 0 & 0 & 0 \\ 0 & i & 0 & 0 \end{Bmatrix} \quad \rho_3 = \begin{Bmatrix} 1 & 0 & 0 & 0 \\ 0 & 1 & 0 & 0 \\ 0 & 0 & -1 & 0 \\ 0 & 0 & 0 & -1 \end{Bmatrix}.$$

The ρ's are obtained from the σ's by interchanging the second and third rows, and the second and third columns. We now have, in addition to equations (7)

and also
$$\left.\begin{aligned} \rho_r^2 = 1 \qquad \rho_r\rho_s + \rho_s\rho_r = 0 \qquad (r \neq s), \\ \rho_r\sigma_t = \sigma_t\rho_r. \end{aligned}\right\}. \tag{7'}$$

* Pauli, *loc. cit.*

If we now take

$$\alpha_1 = \rho_1\sigma_1, \qquad \alpha_2 = \rho_1\sigma_2, \qquad \alpha_3 = \rho_1\sigma_3, \qquad \alpha_4 = \rho_3,$$

all the conditions (6) are satisfied, *e.g.*,

$$\alpha_1^2 = \rho_1\sigma_1\rho_1\sigma_1 = \rho_1^2\sigma_1^2 = 1$$

$$\alpha_1\alpha_2 = \rho_1\sigma_1\rho_1\sigma_2 = \rho_1^2\sigma_1\sigma_2 = -\rho_1^2\sigma_2\sigma_1 = -\alpha_2\alpha_1.$$

The following equations are to be noted for later reference

$$\left.\begin{aligned} \rho_1\rho_2 &= i\rho_3 = -\rho_2\rho_1 \\ \sigma_1\sigma_2 &= i\sigma_3 = -\sigma_2\sigma_1 \end{aligned}\right\}, \tag{8}$$

together with the equations obtained by cyclic permutation of the suffixes.

The wave equation (4) now takes the form

$$[p_0 + \rho_1 (\boldsymbol{\sigma}, \mathbf{p}) + \rho_3 mc]\, \psi = 0, \tag{9}$$

where $\boldsymbol{\sigma}$ denotes the vector $(\sigma_1, \sigma_2, \sigma_3)$.

§ 3. *Proof of Invariance under a Lorentz Transformation.*

Multiply equation (9) by ρ_3 on the left-hand side. It becomes, with the help of (8),

$$[\rho_3 p_0 + i\rho_2 (\sigma_1 p_1 + \sigma_2 p_2 + \sigma_3 p_3) + mc]\, \psi = 0.$$

Putting

$$p_0 = ip_4,$$

$$\rho_3 = \gamma_4, \qquad \rho_2\sigma_r = \gamma_r, \qquad r = 1, 2, 3, \tag{10}$$

we have

$$[i\Sigma\gamma_\mu p_\mu + mc]\, \psi = 0, \qquad \mu = 1, 2, 3, 4. \tag{11}$$

The p_μ transform under a Lorentz transformation according to the law

$$p_\mu' = \Sigma_\nu a_{\mu\nu} p_\nu,$$

where the coefficients $a_{\mu\nu}$ are c-numbers satisfying

$$\Sigma_\mu a_{\mu\nu} a_{\mu\tau} = \delta_{\nu\tau}, \qquad \Sigma_\tau a_{\mu\tau} a_{\nu\tau} = \delta_{\mu\nu}.$$

The wave equation therefore transforms into

$$[i\Sigma\gamma_\mu' p_\mu' + mc]\, \psi = 0, \tag{12}$$

where

$$\gamma_\mu' = \Sigma_\nu a_{\mu\nu}\gamma_\nu.$$

Now the γ_μ, like the α_μ, satisfy

$$\gamma_\mu^2 = 1, \qquad \gamma_\mu\gamma_\nu + \gamma_\nu\gamma_\mu = 0, \qquad (\mu \neq \nu).$$

These relations can be summed up in the single equation

$$\gamma_\mu \gamma_\nu + \gamma_\nu \gamma_\mu = 2\delta_{\mu\nu}.$$

We have

$$\gamma_\mu' \gamma_\nu' + \gamma_\nu' \gamma_\mu' = \Sigma_{\tau\lambda}\, a_{\mu\tau}\, a_{\nu\lambda}\, (\gamma_\tau \gamma_\lambda + \gamma_\lambda \gamma_\tau)$$
$$= 2\Sigma_{\tau\lambda}\, a_{\mu\tau}\, a_{\nu\lambda}\, \delta_{\tau\lambda}$$
$$= 2\Sigma_\tau\, a_{\mu\tau}\, a_{\nu\tau} = 2\delta_{\mu\nu}.$$

Thus the γ_μ' satisfy the same relations as the γ_μ. Thus we can put, analogously to (10)

$$\gamma_4' = \rho_3' \qquad \gamma_r' = \rho_2' \sigma_r'$$

where the ρ''s and σ''s are easily verified to satisfy the relations corresponding to (7), (7′) and (8), if ρ_2' and ρ_1' are defined by $\rho_2' = -i\gamma_1'\gamma_2'\gamma_3'$, $\rho_1' = -i\rho_2'\rho_3'$.

We shall now show that, by a canonical transformation, the ρ''s and σ''s may be brought into the form of the ρ's and σ's. From the equation $\rho_3'^2 = 1$, it follows that the only possible characteristic values for ρ_3' are ± 1. If one applies to ρ_3' a canonical transformation with the transformation function ρ_1', the result is

$$\rho_1' \rho_3' (\rho_1')^{-1} = -\rho_3' \rho_1' (\rho_1')^{-1} = -\rho_3'.$$

Since characteristic values are not changed by a canonical transformation, ρ_3' must have the same characteristic values as $-\rho_3'$. Hence the characteristic values of ρ_3' are $+1$ twice and -1 twice. The same argument applies to each of the other ρ''s, and to each of the σ''s.

Since ρ_3' and σ_3' commute, they can be brought simultaneously to the diagonal form by a canonical transformation. They will then have for their diagonal elements each $+1$ twice and -1 twice. Thus, by suitably rearranging the rows and columns, they can be brought into the form ρ_3 and σ_3 respectively. (The possibility $\rho_3' = \pm\sigma_3'$ is excluded by the existence of matrices that commute with one but not with the other.)

Any matrix containing four rows and columns can be expressed as

$$c + \Sigma_r c_r \sigma_r + \Sigma_r c_r' \rho_r + \Sigma_{rs} c_{rs} \rho_r \sigma_s \tag{13}$$

where the sixteen coefficients c, c_r, c_r', c_{rs} are c-numbers. By expressing σ_1' in this way, we see, from the fact that it commutes with $\rho_3' = \rho_3$ and anticommutes* with $\sigma_3' = \sigma_3$, that it must be of the form

$$\sigma_1' = c_1\sigma_1 + c_2\sigma_2 + c_{31}\rho_3\sigma_1 + c_{32}\rho_3\sigma_2,$$

* We say that a anticommutes with b when $ab = -ba$.

i.e., of the form

$$\sigma_1' = \begin{Bmatrix} 0 & a_{12} & 0 & 0 \\ a_{21} & 0 & 0 & 0 \\ 0 & 0 & 0 & a_{34} \\ 0 & 0 & a_{43} & 0 \end{Bmatrix}$$

The condition $\sigma_1'^2 = 1$ shows that $a_{12}a_{21} = 1$, $a_{34}a_{43} = 1$. If we now apply the canonical transformation : first row to be multiplied by $(a_{21}/a_{12})^{\frac{1}{2}}$ and third row to be multiplied by $(a_{43}/a_{34})^{\frac{1}{2}}$, and first and third columns to be divided by the same expressions, σ_1' will be brought into the form of σ_1, and the diagonal matrices σ_3' and ρ_3' will not be changed.

If we now express ρ_1' in the form (13) and use the conditions that it commutes with $\sigma_1' = \sigma_1$ and $\sigma_3' = \sigma_3$ and anticommutes with $\rho_3' = \rho_3$, we see that it must be of the form

$$\rho_1' = c_1'\rho_1 + c_2'\rho_2.$$

The condition $\rho_1'^2 = 1$ shows that $c_1'^2 + c_2'^2 = 1$, or $c_1' = \cos\,\theta$, $c_2' = \sin\,\theta$. Hence ρ_1' is of the form

$$\rho_1' = \begin{Bmatrix} 0 & 0 & e^{-i\theta} & 0 \\ 0 & 0 & 0 & e^{-i\theta} \\ e^{i\theta} & 0 & 0 & 0 \\ 0 & e^{i\theta} & 0 & 0 \end{Bmatrix}$$

If we now apply the canonical transformation : first and second rows to be multiplied by $e^{i\theta}$ and first and second columns to be divided by the same expression, ρ_1' will be brought into the form ρ_1, and σ_1, σ_3, ρ_3 will not be altered. ρ_2' and σ_2' must now be of the form ρ_2 and σ_2, on account of the relations $i\rho_2' = \rho_3'\rho_1'$, $i\sigma_2' = \sigma_3'\sigma_1'$.

Thus by a succession of canonical transformations, which can be combined to form a single canonical transformation, the ρ''s and σ''s can be brought into the form of the ρ's and σ's. The new wave equation (12) can in this way be brought back into the form of the original wave equation (11) or (9), so that the results that follow from this original wave equation must be independent of the frame of reference used.

§ 4. *The Hamiltonian for an Arbitrary Field.*

To obtain the Hamiltonian for an electron in an electromagnetic field with scalar potential A_0 and vector potential $\mathbf{A}$, we adopt the usual procedure of substituting $p_0 + e/c \,.\, A_0$ for p_0 and $\mathbf{p} + e/c \,.\, \mathbf{A}$ for $\mathbf{p}$ in the Hamiltonian for no field. From equation (9) we thus obtain

$$\left[p_0 + \frac{e}{c}A_0 + \rho_1\left(\boldsymbol{\sigma}, \mathbf{p} + \frac{e}{c}\mathbf{A}\right) + \rho_3 mc\right]\psi = 0. \qquad (14)$$

This wave equation appears to be sufficient to account for all the duplexity phenomena. On account of the matrices ρ and σ containing four rows and columns, it will have four times as many solutions as the non-relativity wave equation, and twice as many as the previous relativity wave equation (1). Since half the solutions must be rejected as referring to the charge $+e$ on the electron, the correct number will be left to account for duplexity phenomena. The proof given in the preceding section of invariance under a Lorentz transformation applies equally well to the more general wave equation (14).

We can obtain a rough idea of how (14) differs from the previous relativity wave equation (1) by multiplying it up analogously to (5). This gives, if we write e' for e/c

$$\begin{aligned} 0 &= [-(p_0 + e'A_0) + \rho_1(\boldsymbol{\sigma}, \mathbf{p} + e'\mathbf{A}) + \rho_3 mc] \\ &\qquad\times [(p_0 + e'A_0) + \rho_1(\boldsymbol{\sigma}, \mathbf{p} + e'\mathbf{A}) + \rho_3 mc]\,\psi \\ &= [-(p_0 + e'A_0)^2 + (\boldsymbol{\sigma}, \mathbf{p} + e'\mathbf{A})^2 + m^2c^2 \\ &\qquad + \rho_1\{(\boldsymbol{\sigma}, \mathbf{p} + e'\mathbf{A})(p_0 + e'A_0) - (p_0 + e'A_0)(\boldsymbol{\sigma}, \mathbf{p} + e'\mathbf{A})\}]\,\psi. \qquad (15) \end{aligned}$$

We now use the general formula, that if $\mathbf{B}$ and $\mathbf{C}$ are any two vectors that commute with $\boldsymbol{\sigma}$

$$\begin{aligned} (\boldsymbol{\sigma}, \mathbf{B})(\boldsymbol{\sigma}, \mathbf{C}) &= \Sigma\, \sigma_1^2 B_1C_1 + \Sigma\,(\sigma_1\sigma_2 B_1C_2 + \sigma_2\sigma_1 B_2C_1) \\ &= (\mathbf{B}, \mathbf{C}) + i\,\Sigma\, \sigma_3 (B_1C_2 - B_2C_1) \\ &= (\mathbf{B}, \mathbf{C}) + i\,(\boldsymbol{\sigma}, \mathbf{B} \times \mathbf{C}). \qquad (16) \end{aligned}$$

Taking $\mathbf{B} = \mathbf{C} = \mathbf{p} + e'\mathbf{A}$, we find

$$\begin{aligned} (\boldsymbol{\sigma}, \mathbf{p} + e'\mathbf{A})^2 &= (\mathbf{p} + e'\mathbf{A})^2 + i\,\Sigma\, \sigma_3 \\ &\qquad [(p_1 + e'A_1)(p_2 + e'A_2) - (p_2 + e'A_2)(p_1 + e'A_1)] \\ &= (\mathbf{p} + e'\mathbf{A})^2 + he'(\boldsymbol{\sigma}, \text{curl}\,\mathbf{A}). \end{aligned}$$

Thus (15) becomes

$$0 = \Big[-(p_0 + e'A_0)^2 + (\mathbf{p} + e'\mathbf{A})^2 + m^2c^2 + e'h(\boldsymbol{\sigma}, \text{curl } \mathbf{A}) - ie'h\rho_1 \Big(\boldsymbol{\sigma}, \text{grad } A_0 + \frac{1}{c}\frac{\partial \mathbf{A}}{\partial t} \Big) \Big] \psi$$

$$= [-(p_0 + e'A_0)^2 + (\mathbf{p} + e'\mathbf{A})^2 + m^2c^2 + e'h(\boldsymbol{\sigma}, \mathbf{H}) + ie'h\rho_1(\boldsymbol{\sigma}, \mathbf{E})]\psi,$$

where **E** and **H** are the electric and magnetic vectors of the field.

This differs from (1) by the two extra terms

$$\frac{eh}{c}(\boldsymbol{\sigma}, \mathbf{H}) + \frac{ieh}{c}\rho_1(\boldsymbol{\sigma}, \mathbf{E})$$

in F. These two terms, when divided by the factor $2m$, can be regarded as the additional potential energy of the electron due to its new degree of freedom. The electron will therefore behave as though it has a magnetic moment $eh/2mc \,.\, \boldsymbol{\sigma}$ and an electric moment $ieh/2mc \,.\, \rho_1 \boldsymbol{\sigma}$. This magnetic moment is just that assumed in the spinning electron model. The electric moment, being a pure imaginary, we should not expect to appear in the model. It is doubtful whether the electric moment has any physical meaning, since the Hamiltonian in (14) that we started from is real, and the imaginary part only appeared when we multiplied it up in an artificial way in order to make it resemble the Hamiltonian of previous theories.

§ 5. *The Angular Momentum Integrals for Motion in a Central Field.*

We shall consider in greater detail the motion of an electron in a central field of force. We put $\mathbf{A} = 0$ and $e'A_0 = V(r)$, an arbitrary function of the radius r, so that the Hamiltonian in (14) becomes

$$F \equiv p_0 + V + \rho_1(\boldsymbol{\sigma}, \mathbf{p}) + \rho_3 mc.$$

We shall determine the periodic solutions of the wave equation $F\psi = 0$, which means that p_0 is to be counted as a parameter instead of an operator; it is, in fact, just $1/c$ times the energy level.

We shall first find the angular momentum integrals of the motion. The orbital angular momentum **m** is defined by

$$\mathbf{m} = \mathbf{x} \times \mathbf{p},$$

and satisfies the following "Vertauschungs" relations

$$\left.\begin{aligned} m_1x_1 - x_1m_1 &= 0, \qquad & m_1x_2 - x_2m_1 &= ihx_3 \\ m_1p_1 - p_1m_1 &= 0, \qquad & m_1p_2 - p_2m_1 &= ihp_3 \\ \mathbf{m} \times \mathbf{m} &= ih\mathbf{m}, \qquad & \mathbf{m}^2m_1 - m_1\mathbf{m}^2 &= 0, \end{aligned}\right\}, \tag{17}$$

together with similar relations obtained by permuting the suffixes. Also $\mathbf{m}$ commutes with r, and with p_r, the momentum canonically conjugate to r.

We have

$$\begin{aligned} m_1\mathrm{F} - \mathrm{F}m_1 &= \rho_1 \{m_1 (\boldsymbol{\sigma}, \mathbf{p}) - (\boldsymbol{\sigma}, \mathbf{p})\, m_1\} \\ &= \rho_1 (\boldsymbol{\sigma}, m_1\mathbf{p} - \mathbf{p}m_1) \\ &= ih\rho_1 (\sigma_2 p_3 - \sigma_3 p_2), \end{aligned}$$

and so

$$\mathbf{m}\mathrm{F} - \mathrm{F}\mathbf{m} = ih\rho_1\, \boldsymbol{\sigma} \times \mathbf{p}. \tag{18}$$

Thus $\mathbf{m}$ is not a constant of the motion. We have further

$$\begin{aligned} \sigma_1\mathrm{F} - \mathrm{F}\sigma_1 &= \rho_1 \{\sigma_1 (\boldsymbol{\sigma}, \mathbf{p}) - (\boldsymbol{\sigma}, \mathbf{p})\, \sigma_1\} \\ &= \rho_1 (\sigma_1 \boldsymbol{\sigma} - \boldsymbol{\sigma} \sigma_1, \mathbf{p}) \\ &= 2i\rho_1 (\sigma_3 p_2 - \sigma_2 p_3), \end{aligned}$$

with the help of (8), and so

$$\boldsymbol{\sigma}\mathrm{F} - \mathrm{F}\boldsymbol{\sigma} = -2i\rho_1\, \boldsymbol{\sigma} \times \mathbf{p}.$$

Hence

$$(\mathbf{m} + \tfrac{1}{2}h\boldsymbol{\sigma})\,\mathrm{F} - \mathrm{F}\,(\mathbf{m} + \tfrac{1}{2}h\boldsymbol{\sigma}) = 0.$$

Thus $\mathbf{m} + \frac{1}{2}h\boldsymbol{\sigma}$ ($= \mathbf{M}$ say) is a constant of the motion. We can interpret this result by saying that the electron has a spin angular momentum of $\frac{1}{2}h\boldsymbol{\sigma}$, which, added to the orbital angular momentum $\mathbf{m}$, gives the total angular momentum $\mathbf{M}$, which is a constant of the motion.

The Vertauschungs relations (17) all hold when M's are written for the m's. In particular

$$\mathbf{M} \times \mathbf{M} = ih\mathbf{M} \quad \text{and} \quad \mathbf{M}^2\mathrm{M}_3 = \mathrm{M}_3\mathbf{M}^2.$$

M_3 will be an action variable of the system. Since the characteristic values of m_3 must be integral multiples of h in order that the wave function may be single-valued, the characteristic values of M_3 must be half odd integral multiples of h. If we put

$$\mathbf{M}^2 = (j^2 - \tfrac{1}{4})\, h^2, \tag{19}$$

j will be another quantum number, and the characteristic values of M_3 will extend from $(j - \frac{1}{2})\, h$ to $(-j + \frac{1}{2})\, h$.* Thus j takes integral values.

One easily verifies from (18) that $\mathbf{m}^2$ does not commute with F, and is thus not a constant of the motion. This makes a difference between the present theory and the previous spinning electron theory, in which $\mathbf{m}^2$ is constant, and defines the azimuthal quantum number k by a relation similar to (19). We shall find that our j plays the same part as the k of the previous theory.

* See ' Roy. Soc. Proc.,' A, vol. 111, p. 281 (1926).

§ 6. *The Energy Levels for Motion in a Central Field.*

We shall now obtain the wave equation as a differential equation in r, with the variables that specify the orientation of the whole system removed. We can do this by the use only of elementary non-commutative algebra in the following way.

In formula (16) take $\mathbf{B} = \mathbf{C} = \mathbf{m}$. This gives

$$\begin{aligned}(\boldsymbol{\sigma}, \mathbf{m})^2 &= \mathbf{m}^2 + i(\boldsymbol{\sigma}, \mathbf{m} \times \mathbf{m}) \qquad (20)\\ &= (\mathbf{m} + \tfrac{1}{2}h\boldsymbol{\sigma})^2 - h(\boldsymbol{\sigma}, \mathbf{m}) - \tfrac{1}{4}h^2\boldsymbol{\sigma}^2 - h(\boldsymbol{\sigma}, \mathbf{m})\\ &= \mathbf{M}^2 - 2h(\boldsymbol{\sigma}, \mathbf{m}) - \tfrac{3}{4}h^2.\end{aligned}$$

Hence

$$\{(\boldsymbol{\sigma}, \mathbf{m}) + h\}^2 = \mathbf{M}^2 + \tfrac{1}{4}h^2 = j^2h^2.$$

Up to the present we have defined j only through j^2, so that we could now, if we liked, take jh equal to $(\boldsymbol{\sigma}, \mathbf{m}) + h$. This would not be convenient since we want j to be a constant of the motion while $(\boldsymbol{\sigma}, \mathbf{m}) + h$ is not, although its square is. We have, in fact, by another application of (16),

$$(\boldsymbol{\sigma}, \mathbf{m})(\boldsymbol{\sigma}, \mathbf{p}) = i(\boldsymbol{\sigma}, \mathbf{m} \times \mathbf{p})$$

since $(\mathbf{m}, \mathbf{p}) = 0$, and similarly

$$(\boldsymbol{\sigma}, \mathbf{p})(\boldsymbol{\sigma}, \mathbf{m}) = i(\boldsymbol{\sigma}, \mathbf{p} \times \mathbf{m}),$$

so that

$$\begin{aligned}(\boldsymbol{\sigma}, \mathbf{m})(\boldsymbol{\sigma}, \mathbf{p}) + (\boldsymbol{\sigma}, \mathbf{p})(\boldsymbol{\sigma}, \mathbf{m}) &= i\Sigma\sigma_1(m_2p_3 - m_3p_2 + p_2m_3 - p_3m_2)\\ &= i\Sigma\sigma_1 \,.\, 2ihp_1 = -2h(\boldsymbol{\sigma}, \mathbf{p}),\end{aligned}$$

or

$$\{(\boldsymbol{\sigma}, \mathbf{m}) + h\}(\boldsymbol{\sigma}, \mathbf{p}) + (\boldsymbol{\sigma}, \mathbf{p})\{(\boldsymbol{\sigma}, \mathbf{m}) + h\} = 0.$$

Thus $(\boldsymbol{\sigma}, \mathbf{m}) + h$ anticommutes with one of the terms in F, namely, $\rho_1(\boldsymbol{\sigma}, \mathbf{p})$, and commutes with the other three. Hence $\rho_3\{(\boldsymbol{\sigma}, \mathbf{m}) + h\}$ commutes with all four, and is therefore a constant of the motion. But the square of $\rho_3\{(\boldsymbol{\sigma}, \mathbf{m}) + h\}$ must also equal j^2h^2. We therefore take

$$jh = \rho_3\{(\boldsymbol{\sigma}, \mathbf{m}) + h\}. \qquad (21)$$

We have, by a further application of (16)

$$(\boldsymbol{\sigma}, \mathbf{x})(\boldsymbol{\sigma}, \mathbf{p}) = (\mathbf{x}, \mathbf{p}) + i(\boldsymbol{\sigma}, \mathbf{m}).$$

Now a permissible definition of p_r is

$$(\mathbf{x}, \mathbf{p}) = rp_r + ih,$$

and from (21)

$$(\boldsymbol{\sigma}, \mathbf{m}) = \rho_3 jh - h.$$

Hence

$$(\boldsymbol{\sigma}, \mathbf{x})(\boldsymbol{\sigma}, \mathbf{p}) = rp_r + i\rho_3 jh. \qquad (22)$$

Introduce the quantity ε defined by

$$r\varepsilon = \rho_1 (\boldsymbol{\sigma}, \mathbf{x}). \tag{23}$$

Since r commutes with ρ_1 and with $(\boldsymbol{\sigma}, \mathbf{x})$, it must commute with ε. We thus have

$$r^2\varepsilon^2 = [\rho_1 (\boldsymbol{\sigma}, \mathbf{x})]^2 = (\boldsymbol{\sigma}, \mathbf{x})^2 = \mathbf{x}^2 = r^2$$

or

$$\varepsilon^2 = 1.$$

Since there is symmetry between $\mathbf{x}$ and $\mathbf{p}$ so far as angular momentum is concerned, $\rho_1 (\boldsymbol{\sigma}, \mathbf{x})$, like $\rho_1 (\boldsymbol{\sigma}, \mathbf{p})$, must commute with $\mathbf{M}$ and j. Hence ε commutes with $\mathbf{M}$ and j. Further, ε must commute with p_r, since we have

$$(\boldsymbol{\sigma}, \mathbf{x}) (\mathbf{x}, \mathbf{p}) - (\mathbf{x}, \mathbf{p}) (\boldsymbol{\sigma}, \mathbf{x}) = ih (\boldsymbol{\sigma}, \mathbf{x}),$$

which gives

$$r\varepsilon (rp_r + ih) - (rp_r + ih) r\varepsilon = ihr\varepsilon,$$

which reduces to

$$\varepsilon p_r - p_r\varepsilon = 0.$$

From (22) and (23) we now have

$$r\varepsilon\rho_1 (\boldsymbol{\sigma}, \mathbf{p}) = rp_r + i\rho_3 jh$$

or

$$\rho_1 (\boldsymbol{\sigma}, \mathbf{p}) = \varepsilon p_r + i\varepsilon\rho_3 jh/r.$$

Thus

$$\mathrm{F} = p_0 + \mathrm{V} + \varepsilon p_r + i\varepsilon\rho_3 jh/r + \rho_3 mc. \tag{24}$$

Equation (23) shows that ε anticommutes with ρ_3. We can therefore by a canonical transformation (involving perhaps the x's and p's as well as the σ's and ρ's) bring ε into the form of the ρ_2 of § 2 without changing ρ_3, and without changing any of the other variables occurring on the right-hand side of (24), since these other variables all commute with ε. $i\varepsilon\rho_3$ will now be of the form $i\rho_2\rho_3 = -\rho_1$, so that the wave equation takes the form

$$\mathrm{F}\psi \equiv [p_0 + \mathrm{V} + \rho_2 p_r - \rho_1 jh/r + \rho_3 mc]\,\psi = 0.$$

If we write this equation out in full, calling the components of ψ referring to the first and third rows (or columns) of the matrices ψ_α and ψ_β respectively, we get

$$(\mathrm{F}\psi)_\alpha \equiv (p_0 + \mathrm{V})\,\psi_\alpha - h\frac{\partial}{\partial r}\psi_\beta - \frac{jh}{r}\psi_\beta + mc\psi_\alpha = 0,$$

$$(\mathrm{F}\psi)_\beta \equiv (p_0 + \mathrm{V})\,\psi_\beta + h\frac{\partial}{\partial r}\psi_\alpha - \frac{jh}{r}\psi_\alpha - mc\psi_\beta = 0.$$

The second and fourth components give just a repetition of these two equations. We shall now eliminate ψ_α. If we write hB for $p_0 + \mathrm{V} + mc$, the first equation becomes

$$\left(\frac{\partial}{\partial r} + \frac{j}{r}\right)\psi_\beta = \mathrm{B}\psi_\alpha,$$

which gives on differentiating

$$\frac{\partial^2}{\partial r^2}\psi_\beta + \frac{j}{r}\frac{\partial}{\partial r}\psi_\beta - \frac{j}{r^2}\psi_\beta = \mathrm{B}\frac{\partial}{\partial r}\psi_\alpha + \frac{\partial \mathrm{B}}{\partial r}\psi_\alpha$$

$$= \frac{\mathrm{B}}{h}\left[-(p_0 + \mathrm{V} - mc)\psi_\beta + \frac{jh}{r}\psi_\alpha\right] + \frac{1}{h}\frac{\partial \mathrm{V}}{\partial r}\psi_\alpha$$

$$= -\frac{(p_0 + \mathrm{V})^2 - m^2c^2}{h^2}\psi_\beta + \left(\frac{j}{r} + \frac{1}{\mathrm{B}h}\frac{\partial \mathrm{V}}{\partial r}\right)\left(\frac{\partial}{\partial r} + \frac{j}{r}\right)\psi_\beta.$$

This reduces to

$$\frac{\partial^2}{\partial r^2}\psi_\beta + \left[\frac{(p_0 + \mathrm{V})^2 - m^2c^2}{h^2} - \frac{j(j+1)}{r^2}\right]\psi_\beta - \frac{1}{\mathrm{B}h}\frac{\partial \mathrm{V}}{\partial r}\left(\frac{\partial}{\partial r} + \frac{j}{r}\right)\psi_\beta = 0. \quad (25)$$

The values of the parameter p_0 for which this equation has a solution finite at $r = 0$ and $r = \infty$ are $1/c$ times the energy levels of the system. To compare this equation with those of previous theories, we put $\psi_\beta = r\chi$, so that

$$\frac{\partial^2}{\partial r^2}\chi + \frac{2}{r}\frac{\partial}{\partial r}\chi + \left[\frac{(p_0 + \mathrm{V})^2 - m^2c^2}{h^2} - \frac{j(j+1)}{r^2}\right]\chi - \frac{1}{\mathrm{B}h}\frac{\partial \mathrm{V}}{\partial r}\left(\frac{\partial}{\partial r} + \frac{j+1}{r}\right)\chi = 0. \quad (26)$$

If one neglects the last term, which is small on account of B being large, this equation becomes the same as the ordinary Schroedinger equation for the system, with relativity correction included. Since j has, from its definition, both positive and negative integral characteristic values, our equation will give twice as many energy levels when the last term is not neglected.

We shall now compare the last term of (26), which is of the same order of magnitude as the relativity correction, with the spin correction given by Darwin and Pauli. To do this we must eliminate the $\partial\chi/\partial r$ term by a further transformation of the wave function. We put

$$\chi = \mathrm{B}^{-\frac{1}{2}}\chi_1,$$

which gives

$$\frac{\partial^2}{\partial r^2}\chi_1 + \frac{2}{r}\frac{\partial}{\partial r}\chi_1 + \left[\frac{(p_0 + \mathrm{V})^2 - m^2c^2}{h^2} - \frac{j(j+1)}{r^2}\right]\chi_1$$

$$+ \left[\frac{1}{\mathrm{B}h}\frac{j}{r}\frac{\partial \mathrm{V}}{\partial r} - \frac{1}{2}\frac{1}{\mathrm{B}h}\frac{\partial^2 \mathrm{V}}{\partial r^2} + \frac{1}{4}\frac{1}{\mathrm{B}^2h^2}\left(\frac{\partial \mathrm{V}}{\partial r}\right)^2\right]\chi_1 = 0. \quad (27)$$

2 U 2

The correction is now, to the first order of accuracy

$$\frac{1}{Bh}\left(\frac{j}{r}\frac{\partial V}{\partial r} - \frac{1}{2}\frac{\partial^2 V}{\partial r^2}\right),$$

where $Bh = 2mc$ (provided p_0 is positive). For the hydrogen atom we must put $V = e^2/cr$. The first order correction now becomes

$$-\frac{e^2}{2mc^2r^3}(j+1). \tag{28}$$

If we write $-j$ for $j+1$ in (27), we do not alter the terms representing the unperturbed system, so

$$\frac{e^2}{2mc^2r^3}\,j \tag{28'}$$

will give a second possible correction for the same unperturbed term.

In the theory of Pauli and Darwin, the corresponding correcting term is

$$\frac{e^2}{2mhc^2r^3}(\boldsymbol{\sigma}, \mathbf{m})$$

when the Thomas factor $\frac{1}{2}$ is included. We must remember that in the Pauli-Darwin theory, the resultant orbital angular momentum k plays the part of our j. We must define k by

$$\mathbf{m}^2 = k\,(k+1)\,h^2$$

instead of by the exact analogue of (19), in order that it may have integral characteristic values, like j. We have from (20)

$$(\boldsymbol{\sigma}, \mathbf{m})^2 = k\,(k+1)\,h^2 - h\,(\boldsymbol{\sigma}, \mathbf{m})$$

or

$$\{(\boldsymbol{\sigma}, \mathbf{m}) + \tfrac{1}{2}h\}^2 = (k+\tfrac{1}{2})^2h^2,$$

hence

$$(\boldsymbol{\sigma}, \mathbf{m}) = kh \text{ or } -(k+1)\,h.$$

논문 웹페이지

The correction thus becomes

$$\frac{e^2}{2mc^2r^3}k \quad \text{or} \quad -\frac{e^2}{2mc^2r^3}(k+1),$$

which agrees with (28) and (28′). The present theory will thus, in the first approximation, lead to the same energy levels as those obtained by Darwin, which are in agreement with experiment.

위대한 논문과의 만남을 마무리하며

이 책은 입자의 수를 두 배로 늘이는 데 결정적인 역할을 한 디랙의 논문에 초점을 맞추었습니다. 디랙의 논문에 가장 큰 영향을 준 두 논문은 전자의 스핀을 완벽하게 기술한 파울리의 논문과 아인슈타인의 특수상대성이론 논문입니다. 여기서는 파울리의 논문과 디랙의 논문을 다루었습니다.

파울리의 논문에 나오는 스핀의 역사를 논하고자 우리는 제이만 효과에 대한 역사를 먼저 살펴보았습니다. 그러려면 3차원에서 수소 원자 속의 전자가 만족하는 슈뢰딩거 방정식을 다루어야 했습니다. 이것은 물리학과 3학년 2학기에 배우는 〈양자역학 2〉의 내용이라 수학적으로 너무 어렵습니다. 하지만 이 책의 출판 기획상 피해 갈 수 없어서 고등학교 수학 정도를 아는 사람이라면 이해하도록 처음 쓴 원고를 고치고 또 고치는 작업을 반복했습니다. 그렇게 노력했지만 이 시리즈의 다른 책에 비해 수식이 많이 들어갈 수밖에 없었습니다. 그래도 물리를 좋아하는 사람들이 쉽게 따라오도록 친절하게 설명했습니다. 그리고 이 책에서 주로 사용하는 미분방정식의 역사와 삼차원 역학도 다루어 보았습니다.

원고를 쓰기 위해 19세기와 20세기 초의 여러 논문을 뒤적거렸습니다. 지금과는 완연히 다른 용어와 기호 때문에 많이 힘들었습니다. 특히 번역이 안 되어 있는 자료들이 많았지만 프랑스 논문에 대해서는 불문과를 졸업한 아내의 도움으로 조금은 이해할 수 있었습니다.

집필을 끝내자마자 다시 별이 어떻게 죽는지 물리학적으로 밝혀낸 찬드라세카르의 오리지널 논문을 공부하며, 시리즈를 계속 이어나갈 생각을 하니 즐거움에 벅차오릅니다. 제가 느끼는 이 기쁨을 독자들이 공유할 수 있기를 바라며 이제 힘들었지만 재미있었던 두 편의 논문과의 씨름을 여기서 멈추려고 합니다.

끝으로 용기를 내서 이 시리즈의 출간을 결정해준 성림원북스의 이성림 사장과 직원들에게 감사를 드립니다. 시리즈 초안이 나왔을 때, 수식이 많아 출판사들이 꺼릴 것 같다는 생각이 들었습니다. 몇 군데에 출판을 의뢰한 후 거절당하면 블로그에 올릴 생각으로 글을 써 내려갔습니다. 놀랍게도 첫 번째로 이 원고의 이야기를 나눈 성림원북스에서 출간을 결정해 주어서 책이 나올 수 있게 되었습니다. 원고를 쓰는 데 필요한 프랑스 논문의 번역을 도와준 아내에게도 고마움을 전합니다. 그리고 이 책을 쓸 수 있도록 멋진 논문을 만든 고 디랙 박사님에게도 감사를 드립니다.

진주에서 정완상 교수

이 책을 위해 참고한 논문들

1장

[1] I. Newton, Philosophiæ Naturalis Principia Mathematica, 1687.

[2] I. Newton, Method of Fluxions, 1736.

2장

[1] I. Newton, Philosophiæ Naturalis Principia Mathematica, 1687.

[2] J. Lagrange, Mécanique analytique, 1811.

[3] W. Hamilton, On a General Method in Dynamics, 1834.

3장

[1] M. Planck, "Zur Theorie des Gesetzes der Energieverteilung im Normalspectrum", Verhandlungen der Deutschen Physikalischen Gesellschaft. 2; 237, 1900.

[2] M. Planck, "Entropie und Temperatur strahlender Wärme", Annalen der Physik. 306; 719, 1900.

[3] N. Bohr, "On the Constitution of Atoms and Molecules", Philosophical Magazine. 26 (151); 1-24, 1913.

[4] J. Balmer, "Notiz uber die Spectrallinien des Wasserstoffs", Annalen der Physik. 261; 80, 1885.

[5] P. Zeeman, "The Influence of a Magnetic Field on Radiation Frequency", Proceedings of the Royal Society of London. 60 (359-367); 513-514, 1897.

[6] T. Preston, The Zeeman Effect Photographed, Nature. 57; 173, 1897.

[7] J. Stark, Schwierigkeiten für die Lichtquantenhypothese im Falle der Emission von Serienlinien. (Sonderabdruck aus 'Verhandlungen der Deutschen Physikalischen Gesellschaft', Jg. XVI, Nr 6). Braunschweig, 1914.

[8] A. Sommerfeld, Ein Zahlenmysterium in der Theorie des Zeeman-Effektes, Die Naturwissenschaften. 8; 61-64, 1920.

[9] L. De Broglie, Phil. Mag. 47; 446, 1924.

[10] W. Heisenberg, "Über quantentheoretische Umdeutung kinematischer und mechanischer Beziehungen", Zeitschrift für Physik. 33 (1); 879-893, 1925.

[11] M. Born and P. Jordan, "Zur Quantenmechanik", Zeitschrift für Physik. 34 (1); 858-888, 1925.

[12] E. Schrödinger, An Undulatory Theory of the Mechanics of Atoms and Molecules, Phys. Rev. 28; 1049, 1926.

[13] A. M. Legendre, "Recherches sur l'attraction des sphéroïdes homogènes", 1785.

[14] J. Thomson, "On the electric and magnetic effects produced by the motion of electrified bodies", The London, Edinburgh & Dublin Philosophical Magazine and Journal of Science. 11; 229-249, 1881.

[15] O. Heaviside, "On the Electromagnetic Effects due to the Motion of Electrification through a Dielectric", Philosophical Magazine. 324, 1889.

[16] H. Lorentz, "Versuch einer Theorie der electrischen und optischen Erscheinungen in bewegten Körpern", 1895.

4장

[1] A. Landé, "Über den anomalen Zeemaneffekt", Zeitschrift für Physik. 5 (4); 231, 1921.

[2] E. Schrödinger, "Quantisierung als Eigenwertproblem"(Erste Miteilung), Annalen Phys. 384; 361, 1926.

[3] W. Gerlach and O. Stern, Zeitschrift für Physik. 9; 353, 1922.

[4] W. Pauli, "Über den Zusammenhang des Abschlusses der Elektronengruppen im Atom mit der Komplexstruktur der Spektren", Zeitschrift für Physik. 31 (1); 765-783, 1925.

[5] G. E. Uhlenbeck and S. Goudsmit, Naturwissenschaften. 13 (47); 953, 1925.

[6] W. Pauli, Zur Quantenmechanik des magnetischen Elektrons, Zeitschrift für Physik. Volume 43. Issue 9-10; 601-623, 1927.

5장

[1] W. Gordon, Der comptoneffekt nach der schrodingerschen theorie, Zeitschrift für Physik. 40 (1-2); 117-133, 1926.

[2] O. Klein, Quantentheorie und fünfdimensionale relativitätstheorie, Zeitschrift für Physik. 37 (12); 895-906, 1926.

[3] W. Heisenberg, "Über quantentheoretische Umdeutung kinematischer und mechanischer Beziehungen", Zeitschrift für Physik. 33 (1); 879-893, 1925.

[4] M. Born and P. Jordan, "Zur Quantenmechanik", Zeitschrift für Physik. 34 (1); 858-888, 1925.

[5] P. A. M. Dirac, "The quantum theory of the electron", Proceedings of the Royal Society A. 117 (778); 610-624, 1928.

[6] C. D. Anderson, "The Positive Electron", Physical Review. 43 (6): 491-494, 1933.

수식에 사용하는 그리스 문자

대문자	소문자	읽기	대문자	소문자	읽기
A	α	알파(alpha)	N	ν	뉴(nu)
B	β	베타(beta)	Ξ	ξ	크시(xi)
Γ	γ	감마(gamma)	O	o	오미크론(omicron)
Δ	δ	델타(delta)	Π	π	파이(pi)
E	ε	엡실론(epsilon)	P	ρ	로(rho)
Z	ζ	제타(zeta)	Σ	σ	시그마(sigma)
H	η	에타(eta)	T	τ	타우(tau)
Θ	θ	세타(theta)	Y	υ	입실론(upsilon)
I	ι	요타(iota)	Φ	φ	피(phi)
K	$\varkappa$	카파(kappa)	X	χ	키(chi)
Λ	λ	람다(lambda)	Ψ	ψ	프시(psi)
M	μ	뮤(mu)	Ω	ω	오메가(omega)

노벨 물리학상 수상자들을 소개합니다

이 책에 언급된 노벨상 수상자는 이름 앞에 ★로 표시하였습니다.

연도	수상자	수상 이유
1901	빌헬름 콘라트 뢴트겐	그의 이름을 딴 놀라운 광선의 발견으로 그가 제공한 특별한 공헌을 인정하여
1902	★헨드릭 안톤 로런츠	복사 현상에 대한 자기의 영향에 대한 연구를 통해 그들이 제공한 탁월한 공헌을 인정하여
	★피터르 제이만	
1903	앙투안 앙리 베크렐	자발 방사능 발견으로 그가 제공한 탁월한 공로를 인정하여
	피에르 퀴리	앙리 베크렐 교수가 발견한 방사선 현상에 대한 공동 연구를 통해 그들이 제공한 탁월한 공헌을 인정하여
	마리 퀴리	
1904	존 윌리엄 스트럿 레일리	가장 중요한 기체의 밀도에 대한 조사와 이러한 연구와 관련하여 아르곤을 발견한 공로
1905	★필리프 레나르트	음극선에 대한 연구
1906	★조지프 존 톰슨	기체에 의한 전기 전도에 대한 이론적이고 실험적인 연구의 큰 장점을 인정하여
1907	앨버트 에이브러햄 마이컬슨	광학 정밀 기기와 그 도움으로 수행된 분광 및 도량형 조사
1908	가브리엘 리프만	간섭 현상을 기반으로 사진적으로 색상을 재현하는 방법
1909	굴리엘모 마르코니	무선 전신 발전에 기여한 공로를 인정받아
	카를 페르디난트 브라운	
1910	요하네스 디데릭 판데르발스	기체와 액체의 상태 방정식에 관한 연구
1911	빌헬름 빈	열복사 법칙에 관한 발견
1912	닐스 구스타프 달렌	등대와 부표를 밝히기 위해 가스 어큐뮬레이터와 함께 사용하기 위한 자동 조절기 발명

1913	★헤이커 카메를링 오너스	특히 액체 헬륨 생산으로 이어진 저온에서의 물질 특성에 대한 연구
1914	★막스 폰 라우에	결정에 의한 X선 회절 발견
1915	윌리엄 헨리 브래그	X선을 이용한 결정 구조 분석에 기여한 공로
	★윌리엄 로런스 브래그	
1916	수상자 없음	
1917	찰스 글러버 바클라	원소의 특징적인 뢴트겐 복사 발견
1918	★막스 플랑크	에너지 양자 발견으로 물리학 발전에 기여한 공로 인정
1919	★요하네스 슈타르크	커낼선의 도플러 효과와 전기장에서 분광선의 분할 발견
1920	샤를 에두아르 기욤	니켈강 합금의 이상 현상을 발견하여 물리학의 정밀 측정에 기여한 공로를 인정하여
1921	★알베르트 아인슈타인	이론 물리학에 대한 공로, 특히 광전효과 법칙 발견
1922	★닐스 보어	원자 구조와 원자에서 방출되는 방사선 연구에 기여
1923	★로버트 앤드루스 밀리컨	전기의 기본 전하와 광전효과에 관한 연구
1924	칼 만네 예오리 시그반	X선 분광학 분야에서의 발견과 연구
1925	제임스 프랑크	전자가 원자에 미치는 영향을 지배하는 법칙 발견
	구스타프 헤르츠	
1926	★장 바티스트 페랭	물질의 불연속 구조에 관한 연구, 특히 침전 평형 발견
1927	★아서 콤프턴	그의 이름을 딴 효과 발견
	찰스 톰슨 리스 윌슨	수증기 응축을 통해 전하를 띤 입자의 경로를 볼 수 있게 만든 방법
1928	오언 윌런스 리처드슨	열전자 현상에 관한 연구, 특히 그의 이름을 딴 법칙 발견
1929	★루이 드브로이	전자의 파동성 발견
1930	찬드라세카라 벵카타 라만	빛의 산란에 관한 연구와 그의 이름을 딴 효과 발견

1931	수상자 없음	
1932	★베르너 하이젠베르크	수소의 동소체 형태 발견으로 이어진 양자역학의 창시
1933	★에르빈 슈뢰딩거	원자 이론의 새로운 생산적 형태 발견
	★폴 디랙	
1934	수상자 없음	
1935	제임스 채드윅	중성자 발견
1936	빅토르 프란츠 헤스	우주 방사선 발견
	★칼 데이비드 앤더슨	양전자 발견
1937	클린턴 조지프 데이비슨	결정에 의한 전자의 회절에 대한 실험적 발견
	조지 패짓 톰슨	
1938	★엔리코 페르미	중성자 조사에 의해 생성된 새로운 방사성 원소의 존재에 대한 시연 및 이와 관련된 느린중성자에 의한 핵반응 발견
1939	어니스트 로런스	사이클로트론의 발명과 개발, 특히 인공 방사성 원소와 관련하여 얻은 결과
1940	수상자 없음	
1941		
1942		
1943	★오토 슈테른	분자선 방법 개발 및 양성자의 자기 모멘트 발견에 기여
1944	이지도어 아이작 라비	원자핵의 자기적 특성을 기록하기 위한 공명 방법
1945	★볼프강 파울리	파울리 원리라고도 불리는 배타 원리의 발견
1946	퍼시 윌리엄스 브리지먼	초고압을 발생시키는 장치의 발명과 고압 물리학 분야에서 그가 이룬 발견에 대해
1947	에드워드 빅터 애플턴	대기권 상층부의 물리학 연구, 특히 이른바 애플턴층의 발견
1948	패트릭 메이너드 스튜어트 블래킷	윌슨 구름상자 방법의 개발과 핵물리학 및 우주 방사선 분야에서의 발견

<table>
<tr><td>1949</td><td>유카와 히데키</td><td>핵력에 관한 이론적 연구를 바탕으로 중간자 존재 예측</td></tr>
<tr><td>1950</td><td>세실 프랭크 파월</td><td>핵 과정을 연구하는 사진 방법의 개발과 이 방법으로 만들어진 중간자에 관한 발견</td></tr>
<tr><td rowspan="2">1951</td><td>존 더글러스 콕크로프트</td><td rowspan="2">인위적으로 가속된 원자 입자에 의한 원자핵 변환에 대한 선구자적 연구</td></tr>
<tr><td>어니스트 토머스 신턴 월턴</td></tr>
<tr><td rowspan="2">1952</td><td>펠릭스 블로흐</td><td rowspan="2">핵자기 정밀 측정을 위한 새로운 방법 개발 및 이와 관련된 발견</td></tr>
<tr><td>에드워드 밀스 퍼셀</td></tr>
<tr><td>1953</td><td>프리츠 제르니커</td><td>위상차 방법 시연, 특히 위상차 현미경 발명</td></tr>
<tr><td rowspan="2">1954</td><td>★막스 보른</td><td>양자역학의 기초 연구, 특히 파동함수의 통계적 해석</td></tr>
<tr><td>발터 보테</td><td>우연의 일치 방법과 그 방법으로 이루어진 그의 발견</td></tr>
<tr><td rowspan="2">1955</td><td>윌리스 유진 램</td><td>수소 스펙트럼의 미세 구조에 관한 발견</td></tr>
<tr><td>폴리카프 쿠시</td><td>전자의 자기 모멘트를 정밀하게 측정한 공로</td></tr>
<tr><td rowspan="3">1956</td><td>윌리엄 브래드퍼드 쇼클리</td><td rowspan="3">반도체 연구 및 트랜지스터 효과 발견</td></tr>
<tr><td>존 바딘</td></tr>
<tr><td>월터 하우저 브래튼</td></tr>
<tr><td rowspan="2">1957</td><td>양전닝</td><td rowspan="2">소립자에 관한 중요한 발견으로 이어진 소위 패리티 법칙에 대한 철저한 조사</td></tr>
<tr><td>리정다오</td></tr>
<tr><td rowspan="3">1958</td><td>파벨 알렉세예비치 체렌코프</td><td rowspan="3">체렌코프 효과의 발견과 해석</td></tr>
<tr><td>일리야 프란크</td></tr>
<tr><td>이고리 탐</td></tr>
<tr><td rowspan="2">1959</td><td>★에밀리오 지노 세그레</td><td rowspan="2">반양성자 발견</td></tr>
<tr><td>★오언 체임벌린</td></tr>
<tr><td>1960</td><td>도널드 아서 글레이저</td><td>거품 상자의 발명</td></tr>
</table>

1961	로버트 호프스태터	원자핵의 전자 산란에 대한 선구적인 연구와 핵자 구조에 관한 발견
	루돌프 뫼스바워	감마선의 공명 흡수에 관한 연구와 그의 이름을 딴 효과에 대한 발견
1962	레프 다비도비치 란다우	응집 물질, 특히 액체 헬륨에 대한 선구적인 이론
1963	★유진 폴 위그너	원자핵 및 소립자 이론에 대한 공헌, 특히 기본 대칭 원리의 발견 및 적용을 통한 공로
	마리아 괴페르트 메이어	핵 껍질 구조에 관한 발견
	한스 옌젠	
1964	니콜라이 바소프	메이저-레이저 원리에 기반한 발진기 및 증폭기의 구성으로 이어진 양자 전자 분야의 기초 작업
	알렉산드르 프로호로프	
	찰스 하드 타운스	
1965	도모나가 신이치로	소립자의 물리학에 심층적인 결과를 가져온 양자전기역학의 근본적인 연구
	줄리언 슈윙거	
	★리처드 필립스 파인먼	
1966	알프레드 카스틀레르	원자에서 헤르츠 공명을 연구하기 위한 광학적 방법의 발견 및 개발
1967	★한스 알브레히트 베테	핵반응 이론, 특히 별의 에너지 생산에 관한 발견에 기여
1968	루이스 월터 앨버레즈	소립자 물리학에 대한 결정적인 공헌, 특히 수소 기포 챔버 사용 기술 개발과 데이터 분석을 통해 가능해진 다수의 공명 상태 발견
1969	머리 겔만	기본 입자의 분류와 그 상호 작용에 관한 공헌 및 발견
1970	한네스 올로프 예스타 알벤	플라즈마 물리학의 다양한 부분에서 유익한 응용을 통해 자기유체역학의 기초 연구 및 발견
	루이 외젠 펠릭스 네엘	고체 물리학에서 중요한 응용을 이끈 반강자성 및 강자성에 관한 기초 연구 및 발견
1971	데니스 가보르	홀로그램 방법의 발명 및 개발

<table>
<tr><td rowspan="3">1972</td><td>존 바딘</td><td rowspan="3">일반적으로 BCS 이론이라고 하는 초전도 이론을 공동으로 개발한 공로</td></tr>
<tr><td>리언 닐 쿠퍼</td></tr>
<tr><td>존 로버트 슈리퍼</td></tr>
<tr><td rowspan="3">1973</td><td>에사키 레오나</td><td rowspan="2">반도체와 초전도체의 터널링 현상에 관한 실험적 발견</td></tr>
<tr><td>이바르 예베르</td></tr>
<tr><td>브라이언 데이비드 조지프슨</td><td>터널 장벽을 통과하는 초전류 특성, 특히 일반적으로 조지프슨 효과로 알려진 현상에 대한 이론적 예측</td></tr>
<tr><td rowspan="2">1974</td><td>마틴 라일</td><td rowspan="2">전파 천체물리학의 선구적인 연구: 라일은 특히 개구 합성 기술의 관찰과 발명, 그리고 휴이시는 펄서 발견에 결정적인 역할을 함</td></tr>
<tr><td>앤터니 휴이시</td></tr>
<tr><td rowspan="3">1975</td><td>오게 닐스 보어</td><td rowspan="3">원자핵에서 집단 운동과 입자 운동 사이의 연관성 발견과 이 연관성에 기초한 원자핵 구조 이론 개발</td></tr>
<tr><td>벤 로위 모텔손</td></tr>
<tr><td>제임스 레인워터</td></tr>
<tr><td rowspan="2">1976</td><td>버턴 릭터</td><td rowspan="2">새로운 종류의 무거운 기본 입자 발견에 대한 선구적인 작업</td></tr>
<tr><td>새뮤얼 차오 충 팅</td></tr>
<tr><td rowspan="3">1977</td><td>필립 워런 앤더슨</td><td rowspan="3">자기 및 무질서 시스템의 전자 구조에 대한 근본적인 이론적 조사</td></tr>
<tr><td>네빌 프랜시스 모트</td></tr>
<tr><td>존 해즈브룩 밴블렉</td></tr>
<tr><td rowspan="3">1978</td><td>★표트르 레오니도비치 카피차</td><td>저온 물리학 분야의 기본 발명 및 발견</td></tr>
<tr><td>아노 앨런 펜지어스</td><td rowspan="2">우주 마이크로파 배경 복사의 발견</td></tr>
<tr><td>로버트 우드로 윌슨</td></tr>
<tr><td rowspan="3">1979</td><td>셸던 리 글래쇼</td><td rowspan="3">특히 약한 중성 전류의 예측을 포함하여 기본 입자 사이의 통일된 약한 전자기 상호 작용 이론에 대한 공헌</td></tr>
<tr><td>압두스 살람</td></tr>
<tr><td>스티븐 와인버그</td></tr>
</table>

1980	제임스 왓슨 크로닌	중성 K 중간자의 붕괴에서 기본 대칭 원리 위반 발견
	밸 로그즈던 피치	
1981	니콜라스 블룸베르헌	레이저 분광기 개발에 기여
	아서 레너드 숄로	
	카이 만네 뵈리에 시그반	고해상도 전자 분광기 개발에 기여
1982	케네스 게디스 윌슨	상전이와 관련된 임계 현상에 대한 이론
1983	수브라마니안 찬드라세카르	별의 구조와 진화에 중요한 물리적 과정에 대한 이론적 연구
	윌리엄 앨프리드 파울러	우주의 화학 원소 형성에 중요한 핵반응에 대한 이론 및 실험적 연구
1984	카를로 루비아	약한 상호 작용의 커뮤니케이터인 필드 입자 W와 Z의 발견으로 이어진 대규모 프로젝트에 결정적인 기여
	시몬 판데르 메이르	
1985	클라우스 폰 클리칭	양자화된 홀 효과의 발견
1986	에른스트 루스카	전자 광학의 기초 작업과 최초의 전자 현미경 설계
	게르트 비니히	스캐닝 터널링 현미경 설계
	하인리히 로러	
1987	요하네스 게오르크 베드노르츠	세라믹 재료의 초전도성 발견에서 중요한 돌파구
	카를 알렉산더 뮐러	
1988	리언 레더먼	뉴트리노 빔 방법과 뮤온 중성미자 발견을 통한 경입자의 이중 구조 증명
	멜빈 슈워츠	
	잭 스타인버거	
1989	노먼 포스터 램지	분리된 진동 필드 방법의 발명과 수소 메이저 및 기타 원자시계에서의 사용
	한스 게오르크 데멜트	이온 트랩 기술 개발
	볼프강 파울	
1990	제롬 프리드먼	입자 물리학에서 쿼크 모델 개발에 매우 중요한 역할을 한 양성자 및 구속된 중성자에 대한 전자의 심층 비탄성 산란에 관한 선구적인 연구
	헨리 웨이 켄들	
	리처드 테일러	

1991	피에르질 드젠	간단한 시스템에서 질서 현상을 연구하기 위해 개발된 방법을 보다 복잡한 형태의 물질, 특히 액정과 고분자로 일반화할 수 있음을 발견
1992	조르주 샤르파크	입자 탐지기, 특히 다중 와이어 비례 챔버의 발명 및 개발
1993	러셀 헐스	새로운 유형의 펄서 발견, 중력 연구의 새로운 가능성을 연 발견
	조지프 테일러	
1994	버트럼 브록하우스	중성자 분광기 개발
	클리퍼드 셜	중성자 회절 기술 개발
1995	마틴 펄	타우 렙톤의 발견
	프레더릭 라이너스	중성미자 검출
1996	데이비드 리	헬륨-3의 초유동성 발견
	더글러스 오셔로프	
	로버트 리처드슨	
1997	스티븐 추	레이저 광으로 원자를 냉각하고 가두는 방법 개발
	클로드 코엔타누지	
	윌리엄 필립스	
1998	로버트 로플린	부분적으로 전하를 띤 새로운 형태의 양자 유체 발견
	호르스트 슈퇴르머	
	대니얼 추이	
1999	헤라르뒤스 엇호프트	물리학에서 전기약력 상호작용의 양자 구조 규명
	마르티뉘스 펠트만	
2000	조레스 알표로프	정보 통신 기술에 대한 기초 작업(고속 및 광전자 공학에 사용되는 반도체 이종 구조 개발)
	허버트 크로머	
	잭 킬비	정보 통신 기술에 대한 기초 작업(집적 회로 발명에 기여)

2001	에릭 코넬	알칼리 원자의 희석 가스에서 보스-아인슈타인 응축 달성 및 응축 특성에 대한 초기 기초 연구
	칼 위먼	
	볼프강 케테를레	
2002	레이먼드 데이비스	천체물리학, 특히 우주 중성미자 검출에 대한 선구적인 공헌
	고시바 마사토시	
	리카르도 자코니	우주 X선 소스의 발견으로 이어진 천체 물리학에 대한 선구적인 공헌
2003	알렉세이 아브리코소프	초전도체 및 초유체 이론에 대한 선구적인 공헌
	비탈리 긴즈부르크	
	앤서니 레깃	
2004	데이비드 그로스	강한 상호작용 이론에서 점근적 자유의 발견
	데이비드 폴리처	
	프랭크 윌첵	
2005	로이 글라우버	광학 일관성의 양자 이론에 기여
	존 홀	광 주파수 콤 기술을 포함한 레이저 기반 정밀 분광기 개발에 기여
	테오도어 헨슈	
2006	존 매더	우주 마이크로파 배경 복사의 흑체 형태와 이방성 발견
	조지 스무트	
2007	알베르 페르	자이언트 자기 저항의 발견
	페터 그륀베르크	
2008	난부 요이치로	아원자 물리학에서 자발적인 대칭 깨짐 메커니즘 발견
	고바야시 마코토	자연계에 적어도 세 종류의 쿼크가 존재함을 예측하는 깨진 대칭의 기원 발견
	마스카와 도시히데	
2009	찰스 가오	광 통신을 위한 섬유의 빛 전송에 관한 획기적인 업적
	윌러드 보일	영상 반도체 회로(CCD 센서)의 발명
	조지 엘우드 스미스	

2010	안드레 가임	2차원 물질 그래핀에 관한 획기적인 실험
	콘스탄틴 노보셀로프	
2011	솔 펄머터	원거리 초신성 관측을 통한 우주 가속 팽창 발견
	브라이언 슈밋	
	애덤 리스	
2012	세르주 아로슈	개별 양자 시스템의 측정 및 조작을 가능하게 하는 획기적인 실험 방법
	데이비드 와인랜드	
2013	프랑수아 앙글레르	아원자 입자의 질량 기원에 대한 이해에 기여하고 최근 CERN의 대형 하드론 충돌기에서 ATLAS 및 CMS 실험을 통해 예측된 기본 입자의 발견을 통해 확인된 메커니즘의 이론적 발견
	피터 힉스	
2014	아카사키 이사무	밝고 에너지 절약형 백색 광원을 가능하게 한 효율적인 청색 발광 다이오드의 발명
	아마노 히로시	
	나카무라 슈지	
2015	가지타 다카아키	중성미자가 질량을 가지고 있음을 보여주는 중성미자 진동 발견
	아서 맥도널드	
2016	데이비드 사울레스	위상학적 상전이와 물질의 위상학적 위상에 대한 이론적 발견
	덩컨 홀데인	
	마이클 코스털리츠	
2017	라이너 바이스	LIGO 탐지기와 중력파 관찰에 결정적인 기여
	킵 손	
	배리 배리시	
2018	아서 애슈킨	레이저 물리학 분야의 획기적인 발명(광학 핀셋과 생물학적 시스템에 대한 응용)
	제라르 무루	레이저 물리학 분야의 획기적인 발명(고강도 초단파 광 펄스 생성 방법)
	도나 스트리클런드	

<table>
<tr><td rowspan="3">2019</td><td>제임스 피블스</td><td>우주의 진화와 우주에서 지구의 위치에 대한 이해에 기여(물리 우주론의 이론적 발견)</td></tr>
<tr><td>미셸 마요르</td><td rowspan="2">우주의 진화와 우주에서 지구의 위치에 대한 이해에 기여(태양형 항성 주위를 공전하는 외계 행성 발견)</td></tr>
<tr><td>디디에 쿠엘로</td></tr>
<tr><td rowspan="3">2020</td><td>로저 펜로즈</td><td>블랙홀 형성이 일반 상대성 이론의 확고한 예측이라는 발견</td></tr>
<tr><td>라인하르트 겐첼</td><td rowspan="2">우리 은하의 중심에 있는 초거대 밀도 물체 발견</td></tr>
<tr><td>앤드리아 게즈</td></tr>
<tr><td rowspan="3">2021</td><td>마나베 슈쿠로</td><td rowspan="2">복잡한 시스템에 대한 이해에 획기적인 기여(지구 기후의 물리적 모델링, 가변성을 정량화하고 지구 온난화를 안정적으로 예측)</td></tr>
<tr><td>클라우스 하셀만</td></tr>
<tr><td>조르조 파리시</td><td>복잡한 시스템에 대한 이해에 획기적인 기여 (원자에서 행성 규모에 이르는 물리적 시스템의 무질서와 요동의 상호작용 발견)</td></tr>
<tr><td rowspan="3">2022</td><td>알랭 아스페</td><td rowspan="3">얽힌 광자를 사용한 실험, 벨 불평등 위반 규명 및 양자 정보 과학 개척</td></tr>
<tr><td>존 클라우저</td></tr>
<tr><td>안톤 차일링거</td></tr>
<tr><td rowspan="3">2023</td><td>피에르 아고스티니</td><td rowspan="3">물질의 전자 역학 연구를 위해 아토초(100경분의 1초) 빛 펄스를 생성하는 실험 방법 고안</td></tr>
<tr><td>페렌츠 크러우스</td></tr>
<tr><td>안 륄리에</td></tr>
</table>